Vogelspinnen im Terrarium

Martin Meinhardt

100 Fotos
6 Grafiken

Terrarien NTV Bibliothek
Natur und Tier - Verlag

Dieses Buch ist meiner Tochter Fiona Judith gewidmet

Bildnachweis Umschlag
Titelbild: *Avicularia versicolor* Foto: C. Stehr
Hintergrund: *Pamphobeteus nigricolor* Foto: C. Stehr

ISBN 3-931587-99-1

An der Kleimannbrücke 39/41
48157 Münster
Geschäftsführung: Matthias Schmidt
Lektorat: Kriton Kunz & Heiko Werning
Layout: Nick Nadolny
Druck: Veiters, Riga

Inhaltsverzeichnis

Vorwort und Danksagung

In den letzten Jahren wurden Vogelspinnen zu einem festen Bestandteil der Terrarienwelt. Nicht nur in Zoofachhandlungen, sondern auch auf Terraristikbörsen und über den spezialisierten Zoofachversand kann man sie mittlerweile in erstaunlicher Artenvielfalt und teilweise zu sehr günstigen Preisen erwerben. Auch private Halter und versierte Hobbyzüchter bieten dem Interessierten auf Börsen und in Terraristikzeitschriften eine große Auswahl verschiedener Arten. Dieses Buch richtet sich gezielt vor allem an Einsteiger in das schöne Hobby der Vogelspinnenhaltung. Es vermittelt die grundlegenden Informationen über die Biologie dieser Tiere, ihre Pflege und erfolgreiche Nachzucht. Im Sinne des besseren Leseflusses habe ich übrigens Zitate auf das Notwendigste beschränkt.

An dieser Stelle bedanke ich mich recht herzlich bei den vielen Personen, die zur Verwirklichung dieses Buches beigetragen haben. Spezieller Dank meinem Lektor, Kriton Kunz, der mit seiner konstruktiven Arbeit viel zum Gelingen des Buches beigesteuert hat. Mein besonderer Dank gilt meinen Eltern für ihr Verständnis für mein Hobby.

Martin Meinhardt, Herbst 2004

Faszinierende Tiere, ein faszinierendes Hobby: Vogelspinnen (hier *Pamphobeteus nigricolor*)
Foto: M. Meinhardt

1. Einleitung

Noch immer rufen Spinnen bei den meisten Menschen Ekel und Angst hervor. Vor allem die großen Vogelspinnen, von denen dieses Buch handelt, stehen oft im Ruf, dem Menschen ernsthaft gefährlich werden zu können. Schauermärchen über Vogelspinnen, die des Nachts in die Häuser kommen und die ahnungslosen Bewohner mit einem Biss lähmen oder sogar töten, um anschließend ihre Eier im wehrlosen Opfer abzulegen, sollten eigentlich der Vergangenheit angehören, weiß man doch mittlerweile, wie ungefährlich diese Tiere tatsächlich sind. Dennoch findet man heutzutage in Medien unteren Niveaus nach wie vor Berichte über Menschen, die durch Bisse von gewaltigen Vogelspinnen zu Tode gekommen sein sollen. Auch müssen Vogelspinnen immer wieder in Filmen wie „Tarantula" oder „Arachnophobia" als Menschen mordende Monster herhalten. Handelt es sich in dem einen Film noch um eine zur Riesin mutierten Vogelspinne, so geht es in dem anderen schon um einen ganzen Spinnenstaat, angeführt von einer überdimensionierten Spinne als Königin, die aus der Kreuzung von Vogelspinne und Kreuzspinne entstanden ist und den Menschen das Leben zur Hölle auf Erden macht. Natürlich sind solche Horror- oder Gruselfilme nicht die unmittelbare Ursache für Spinnenphobien, aber sie verstärken schon vorhandene Ängste, die teils durch Erziehung, teils durch traumatische Erlebnisse in der Kindheit oder einfach durch Falschinformation („giftig", „tödlich" etc.) entstanden.

Umso erfreulicher ist es, dass sich die Vogelspinnen, aber auch Spinnen allgemein, in der Gesellschaft allmählich einer immer größeren Beliebtheit erfreuen und vielleicht irgendwann kein Schattendasein mehr führen müssen. Eine Vogelspinne sollte man sich allerdings nicht aus dem Grunde anschaffen, um damit bei Freunden und Bekannten Eindruck zu schinden, sondern um sich mit diesen sehr interessanten Tieren näher zu beschäftigen. Meistens wird es nach einiger Zeit nicht bei einer Vogelspinne bleiben, vielmehr wird der Bestand recht schnell beträchtlich anwachsen, was dem engagierten Züchter angesichts des geringen Platzbedarfes der Pfleglinge aber keine allzu großen Schwierigkeiten in den Weg legt.

Beim Kauf neuer Spinnen sollte man sich um Nachzuchttiere bemühen, da sonst der Bestand in freier Wildbahn durch Massenimporte zu stark beansprucht werden könnte. So mussten einige Länder mittlerweile strikte Ausfuhrverbote für Tiere aller Art verhängen, und sämtliche Vertreter der mittelamerikanischen Gattung *Brachypelma* sowie *Aphonopelma albiceps* und *A. pallidum* werden schon seit einiger Zeit im Washingtoner Artenschutzübereinkommen in Anhang II (kurz WA II) geführt – man zählt sie also zu den durch internationalen Handel bedrohten Tierarten. Zum Glück haben sich die Populationen der *Brachypelma*-Spezies in Mittelamerika mittlerweile wieder erholt, doch bei einigen anderen Arten könnte es in absehbarer Zeit genau umgekehrt aussehen. Umso wichtiger ist in diesem Zusammenhang die gezielte Zucht bedrohter Arten im Terrarium. Viele werden schon seit Jahren von versierten Hobbyzüchtern mit Erfolg vermehrt, und selbst bei der Haltung anspruchsvoller Vogelspinnen ist oft die Nachzucht schon mehrfach geglückt. Daher kann man heutzutage beim Erwerb neuer Tiere auf eine große Auswahl an verschiedenen Arten zurückgreifen und sich durch den gezielten Kauf mehrerer Tiere einer Spezies Zuchtgruppen zusammenstellen, um so seinen persönlichen Beitrag zum Artenschutz zu liefern.

Woher bekomme ich meine Spinne?

Am besten kauft man seine Tiere direkt beim Züchter oder auch auf entsprechenden Börsen, deren Termine etwa in der REPTILIA bekannt gegeben werden. Aber auch der spezialisierte Zoohandel bietet häufig Nachzuchttiere an. Als Einsteiger wählt man am besten weder adulte Tiere noch sehr kleine Spiderlinge, sondern mittelgroße Exemplare, und zwar vorzugsweise nachgezüchtete Individuen. So schont man erstens die natürlichen Bestände, und zweitens kann man relativ sicher sein, ein gesundes, parasitenfreies Tier zu erwerben.

1. Allgemeiner Teil

Stellung der Vogelspinnen im Tierreich

Die Systematik des Tierreichs ist auf Verwandtschaftsverhältnissen aufgebaut und wird vor allem in sechs große Kategorien unterteilt:

Stamm
Klasse
Ordnung
Familie
Gattung
Art

Je höher die Kategorie in der Hierarchie der Systematik steht, desto weniger gemeinsame Merkmale haben die unterschiedlichen Gruppen innerhalb dieser Kategorie. Betrachten wir z. B. die Tausendfüßer und die Insekten. Es leuchtet ein, dass sich beide Tiergruppen in sehr vielen Merkmalen deutlich voneinander unterscheiden. Dennoch haben sie einige Gemeinsamkeiten, etwa den harten Außenpanzer; bei beiden sind Körper und Beine deutlich in einzelne Segmente gegliedert. Diese Merkmale treffen auch auf die Krebse und Spinnentiere zu, weshalb alle im Stamm der Gliederfüßer (Arthropoda) zusammengefasst werden. Je weiter man nach „unten" im systematischen System kommt, desto enger sind die verwandtschaftlichen Beziehungen zwischen den Gruppen der einzelnen Kategorien. Die Kategorie „Art" stellt die kleinste Einheit im Tierreich dar (abgesehen von der Unterart), gefolgt von der Gattung usw. bis zur höchsten Kategorie, dem Stamm, wobei es immer wieder Zwischenstufen zwischen den einzelnen Hauptkategorien gibt, z. B. Untergattung, Unterfamilie etc.

Am Beispiel der Art *Avicularia metallica* (Rotfuß-Vogelspinne) soll im Folgenden demonstriert werden, wie Vogelspinnen systematisch ins Tierreich eingeordnet werden. Das Wort *Avicularia* steht dabei für die Gattung, ist also der Sammelbegriff für die allernächsten Verwandten dieser Art, d. h. solcher Spezies, die sich in nur wenigen Merkmalen voneinander und von *Avicularia metallica* unterscheiden. Die Bezeichnung *metallica* steht für die Art, also morphologisch und anatomisch mehr oder weniger identische Tiere, die sich untereinander fruchtbar fortpflanzen können. *Avicularia avicularia* beispielsweise gehört somit aufgrund sehr vieler morphologischer Gemeinsamkeiten mit *Avicularia metallica* zu deren nächsten Verwandten, ersichtlich an der Zugehörigkeit zur selben Gattung: *Avicularia*. Beide unterscheiden sich jedoch voneinander in einigen wichtigen Details, bilden also zwei Arten mit jeweils eigenem Artnamen. Die nächsthöhere Stufe ist die Unterfamilie, in diesem Fall die Unterfamilie der Aviculariinae. Damit gelangen wir zur nächsten Hauptkategorie, der Familie. Unser Beispieltier gehört in die Familie der Theraphosidae, also zu der Familie der Echten Vogelspinnen, in die man derzeit etwa 870 Arten stellt. Die Echten Vogelspinnen werden zusammen mit ihren Verwandten in die Unterordnung Mygalomorphae (Vogelspinnenartige) gestellt. Da bei allen Arten dieser Unterordnung die Chelizeren (erstes

Nah mit den Spinnen verwandt, oft in denselben Biotopen zu finden und ebenfalls beliebte Terrarientiere sind die Skorpione (hier ein männlicher Spaltenskorpion *Hadogenes bicolor*).
Foto: C. Stehr

Labidognathe Spinnen unterscheiden sich von orthognathen, zu denen auch die Vogelspinnen gehören, meist schon auf den ersten Blick durch ihr äußeres Erscheinungsbild. Foto: K. Kunz

Gliedmaßenpaar, Mundwerkzeuge mit Giftklauen) parallel zur Körperlängsachse gestellt sind und von oben nach unten schlagen, werden sie auch orthognathe Spinnen (Orthognatha) genannt. Im Gegensatz dazu werden die Höheren Spinnen in der Unterordnung Labidognatha vereint, weil bei ihnen die Chelizeren gegeneinander arbeiten. Beide Unterordnungen, also die Labidognatha und die Mygalomorphae (Orthognatha), gehören in die Ordnung Araneae, besser bekannt unter der deutschen Bezeichnung Webspinnen. Die Webspinnen mit ihren rund 38.000 bekannten Arten zählen wie beispielsweise auch die Skorpione (Scorpiones), Milben (Acari) und Weberknechte (Opiliones) in die Klasse der Arachnida (Spinnentiere). All den genannten Ordnungen gemein ist, dass sie keine Fühler haben, was sie u. a. von der Klasse der Insekten (Insecta) unterscheidet. Daher werden sie in den Unterstamm Chelicerata (Fühlerlose) gestellt. Damit sind wir auch schon bei der höchsten Kategorie, dem Stamm Arthropoda (Gliederfüßer), angekommen, in den außerdem beispielsweise die Klassen der Insekten, Krebse und Tausendfüßer gehören und der mit über 1,5 Millionen beschriebenen Arten den größten Stamm im Tierreich darstellt.

Somit haben wir die genaue Stellung der Art *Avicularia metallica* im Tierreich geklärt, die hier noch einmal übersichtlich wiedergegeben ist:

Stamm:	Arthropoda (Gliederfüßer)
Unterstamm:	Chelicerata (Fühlerlose)
Klasse:	Arachnida (Spinnentiere)
Ordnung:	Araneae (Webspinnen)
Unterordnung:	Mygalomorphae = Orthognatha (Vogelspinnenartige)
Familie:	Theraphosidae (Echte Vogelspinnen)
Unterfamilie:	Aviculariinae
Gattung:	*Avicularia*
Art:	*Avicularia metallica*

Wissenschaftliche Gattungs-, Art- und Unterartnamen werden in der zoologischen Literatur heute übrigens immer kursiv geschrieben, höhere Taxa jedoch nicht.

Nach dem gleichen Schema lässt sich jetzt auch ein Stammbaum für die Familie der Echten Vogelspinnen (Theraphosidae) erstellen:

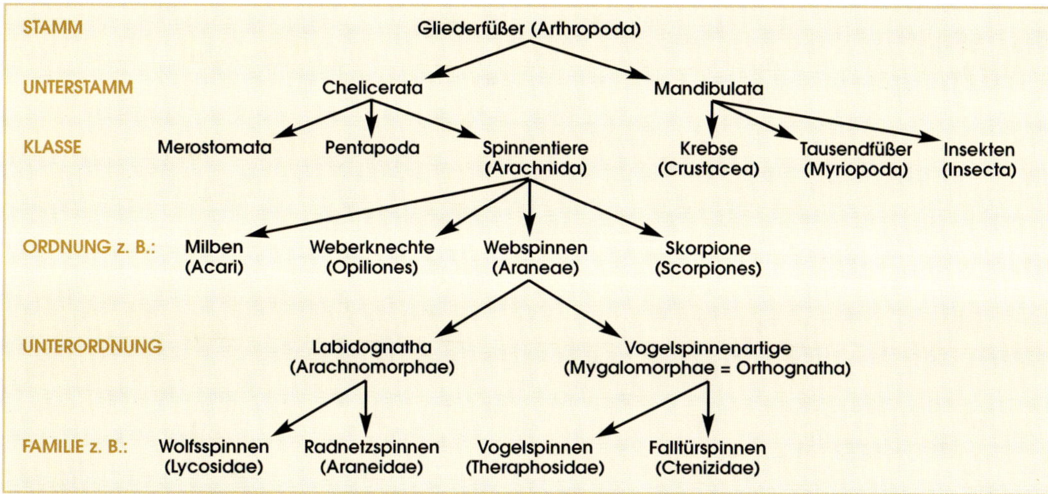

Stammbaum der Vogelspinnen

Iracema horrida Foto: K. Kunz & R. Uhl

Weibliche Tapezierspinne (*Atypus affinis*). Bei dieser Gattung handelt es sich um die nächsten heimischen Verwandten der Vogelspinnen. Foto: T. Ziegler

Die Verwandtschaft der Vogelspinnen

Nach diesem Überblick über die Stellung der Vogelspinnen im Tierreich möchte ich noch etwas näher auf die Verwandten dieser Familie eingehen. Zu den nächsten Verwandten der Echten Vogelspinnen gehören noch 15 weitere Familien innerhalb der Unterordnung Mygalomorphae. Die bekannteste von ihnen ist die Familie der Falltürspinnen (Ctenizidae), von deren ca. 113 Arten auch einige Vertreter im Mittelmeergebiet beheimatet sind. Es handelt sich durchweg um Bodenbewohner, die mittels ihrer mit „Rechen" ausgestatteten Chelizeren tiefe Röhren ins Erdreich treiben. Der Eingang wird mit einem festen Deckel verschlossen, der wie eine Falltür auf- und zugeklappt werden kann (daher der deutsche Name) und wegen seiner hervorragenden Tarnung nur schwer auszumachen ist. Eine weitere wichtige Familie ist die der Hexathelidae. *Atrax robustus*, ein Hexathelide aus Australien, zählt zu den giftigsten Spinnen überhaupt. Da *Atrax robustus* früher den Dipluridae zugeordnet wurde, will ich auch diese Familie nicht unerwähnt lassen. Bei den Dipluridae handelt es sich um die besten Netzbauer der gesamten Unterordnung. Die Arten dieser Familie

Falltürspinnen (Familie Ctenizidae) sind nahe Verwandte der Vogelspinnen und faszinierende Terrarientiere. Foto: K. Kunz & S. Heist

stellen große Trichternetze her, ähnlich denen der Trichterspinnen (Agelenidae), zu denen auch die in unseren Kellern heimische Winkelspinne *Tegenaria atrica* gehört. Von der nur 32 Arten umfassenden Familie der Tapezierspinnen (Atypidae) kommen drei Vertreter auch in Deutschland vor. Sie alle bauen Schlauchnetze, die aus einer unterirdisch angelegten Röhre und einem oberirdisch verlaufenden Schlauch bestehen. Es handelt sich bei ihnen also auch um orthognathe Spinnen, aber nicht um Echte Vogelspinnen.

Zur Entstehung des Namens „Vogelspinne“

Woher aber stammt überhaupt der Name „Vogelspinne“? Von 1699–1701 bereiste die große Naturforscherin und Künstlerin Maria Sibylla Merian auf Einladung der niederländischen Regierung das tropische Surinam. Unter ihren prachtvollen und detailgetreuen Kupferstichen, die sie von den beeindruckenden Pflanzen und Tieren dieses Landes anfertigte, findet sich auch ein ganz besonders bekannter: Das Bild zeigt eine baumbewohnende Vogelspinne, die über einem getöteten Vogel steht. Mit ziemlicher Sicherheit in Anlehnung an diesen Stich verlieh Carl VON LINNÉ der Spinne rund ein halbes Jahrhundert danach die wissenschaftliche Bezeichnung *Aranea Avicularia* – heute heißt die Art *Avicularia avicularia*. Der Artname „*avicularia*“, der 1818 von LAMARCK auch zum Gattungsnamen erhoben wurde, leitet sich vom lateinischen Wort „avis“ ab, das „Vogel“ bedeutet. Der eingedeutschte Name „Vogelspinne“ aber bezieht sich nicht nur auf diese eine Art oder Gattung, sondern etablierte sich für die Bezeichnung der gesamten Familie. Im angelsächsischen Sprachgebrauch dagegen werden Vogelspinnen meist „tarantulas“ genannt, ein Name, der von den italienischen Einwanderern Amerikas geprägt wurde: Sie vermuteten wohl in den neuweltlichen Vogelspinnen nahe Verwandte ihrer als „tarantula“ bezeichneten heimischen großen Wolfsspinnen (Lycosidae), die jedoch zu den labidognathen Spinnen gehören und in keiner näheren Verwandtschaft zu den Vogelspinnen stehen. Möglicherweise geht die irrige Meinung, Vogelspinnen seien hochgiftig, ebenfalls auf die italienischen Einwanderer zurück: Wurden in ihrer italienischen Heimat Feldarbeiter von einer Spinne gebissen, traten hin und wieder schwere Vergiftungen und selbst Todesfälle auf. Verantwortlich dafür wurden die großen und auffälligen Taranteln gemacht, während in Wirklichkeit die kleinen und versteckt lebenden Witwen (*Latrodectus*) die Schuldigen waren. Als Therapie wandte man ekstatische Tänze zu rhythmischer Musik an, woraus sich im Mittelalter der Tanz „Tarentella“ ableitete.

Poecilotheria ornata **bestich durch ihre prachtvolle Färbung und ist nicht umsonst in der Terraristik eine der beliebtesten baumbewohnenden Vogelspinnen.** Foto: M. Meinhardt

Wie werden Vogelspinnen anderswo genannt?

Weitere Trivialnamen für die Familie sind nach BÜCHERL (1962, 1971) und SCHMIDT (1993): Baboon Spiders („Pavianspinnen“; Südafrika), Aranhas caranguejeiras („Krebsartige Spinnen“; Brasilien), die spanischen Bezeichnungen Arañas peludas („haarige Spinnen“), Arañas de caballo („Pferdespinnen“), Arañas mata caballo („Pferde tötende Spinnen“), Arañas revienta caballos („Spinnen, die Pferde zu Tode hetzen“) und Arañas pollitos („Hühnchenspinnen“), die französischen Bezeichnungen Mygales und Araignées-crabes („Krabbenspinnen“) sowie die Vielzahl der aus Indígena-Sprachen stammenden Namen wie Nandúguassu, Nandú-cavallú und Ana-rymbá.

Solche Grashänge bieten selbst in dicht bevölkerten Großstädten ideale Lebensbedingungen für röhrenbewohnende Arten. Foto: K. Kunz

Viele Bodenbewohner graben mehr oder weniger tiefe Röhren, deren Eingang sie tagsüber locker zuspinnen - hier der Baueingang von *Aphonopelma* sp. in San Ignacio, Belize. Foto: K. Kunz

Die deutschen Namen für die im Handel angebotenen Vogelspinnen sind wie alle Trivialnamen ohne wissenschaftlichen Wert, letztlich aus der Luft gegriffen und oft von Händlern erfunden worden, damit sich die Tiere besser verkaufen lassen. So werden unter der deutschen Bezeichnung „Rotknievogelspinne" gleich vier Arten aus der Gattung *Brachypelma* angeboten, was bei Zuchtversuchen mitunter zu bösen Überraschungen führen kann, wenn nämlich das Männchen vom Weibchen verspeist wird, das sein Gegenüber nicht als Partner, sondern als Nahrung betrachtet. Aber auch Kreuzungen kommen vor, eine ebenso unerwünschte Folge falscher Artangaben.

Will man sich also intensiver mit Vogelspinnen beschäftigen, so ist es unumgänglich, sich die wissenschaftlichen Namen einzuprägen und sich an den Umgang mit ihnen zu gewöhnen.

Allerdings ist die Systematik der Vogelspinnen noch immer im stetigen Fluss, was dazu führen kann, dass selbst Autoren von Fachartikeln hin und wieder den Überblick verlieren und irreführende Bezeichnungen verwenden.

Auch wird manchmal ein- und dieselbe Art von mehreren Autoren unabhängig voneinander unter verschiedenen Namen beschrieben, was natürlich zur Folge hat, dass eine einzige Art in der Literatur unter diversen Bezeichnungen geführt wird (sobald dies erkannt wird, gilt nur noch der zuerst veröffentlichte Name, die anderen Bezeichnungen werden zu so genannten Synonymen). Ein weiteres Problem ist, dass in jüngster Zeit häufig Arten ohne ausreichende Datenanalyse beschrieben werden, beispielsweise ohne auf große Serien zurückgreifen zu können und ohne die Typusexemplare nahe verwandter Arten untersucht zu haben.

Momentan benennen Systematiker immer häufiger Arten und teilweise ganze Gattungen um. Die Ursache dafür ist u. a., dass man bei der Beschreibung neuer Arten bis zum Anfang des 20. Jahrhunderts oft sehr oberflächlich arbeitete. Da früher der Wissensstand über die Vogelspinnen noch sehr eingeschränkt war und die Untersuchungsmethoden ungenau ausfielen, verfasste man damals häufig Neubeschreibungen anhand äußerer Merkmale wie Färbung, Zeichnung, Größe sowie einiger auffälliger Körpermerkmale. Die Angaben waren meistens sehr kurz, unpräzise und passten auf mehrere verwandte Arten. In der heutigen Zeit sind die Methoden der Artbeschreibung sehr viel ausgereifter, es werden beispielsweise sehr viel mehr morphologische Bestimmungskriterien zur Beschreibung neuer Arten herangezogen. Untersucht man nun älteres Typusmaterial (also die konservierten Spinnen, anhand derer neue Arten beschrieben wurden) erneut, stellt sich oft heraus, dass einige Arten mehrfach unter verschiedenen Namen beschrieben wurden und z. T. in völlig andere Gattungen zu stellen sind. Man spricht dann von einer Revision der betreffenden Art oder Gattung. Der überholte Art- oder Gattungsname wird als Synonym bezeichnet und kann unter dem Kürzel „syn." angegeben werden. Es wurden auch schon neue Gattungen eingerichtet, die dann nach eingehender Untersuchung wieder komplett fallen gelassen werden mussten.

Seit einigen Jahren werden immer häufiger Exemplare noch unbeschriebener Arten im Handel angeboten. Sie werden dann meist schnell der Gattung zugeordnet, in die sie aller Wahrscheinlichkeit nach gehören dürften. Hinter dem Gattungsnamen steht dann in aller Regel das Kürzel „sp.", was für „Spezies" (Art) steht und zum Ausdruck bringt, dass diese Art noch unbeschrieben ist bzw. sich noch nicht eindeutig zuordnen lässt. Kennt man das Herkunftsland, wird dieses dann oft mit erwähnt, z. B. als „ex Brasilien". Natürlich kann es auch vorkommen, dass zwei unbeschriebene Arten derselben Gattung aus demselben Herkunftsland im Handel auftauchen. Dann steht hinter dem Namen des Landes meistens noch in Klammern eine Ziffer, um damit anzudeuten, um welche der Arten es sich handelt. „*Avicularia* sp. ex Peru (2)" bedeutet dann, dass es sich bei dem Tier um ein Exemplar einer wahrscheinlich noch unbeschriebenen *Avicularia*-Art handelt, dass es aus Peru stammt und dass schon eine andere unbeschriebene *Avicularia*-Art aus Peru im Handel kursiert.

Wie schon erwähnt, werden den „neuen" Arten von Händlern häufig Phantasienamen gegeben, damit sich die Tiere besser verkaufen lassen. Diese provisorischen Namen stehen dann in Anführungszeichen, um anzudeuten, dass es sich hierbei nicht um einen gültigen Artnamen handelt.

Unbestimme Art aus Veracruz, Mexiko
Foto: K. Kunz & R. Uhl

Oft stellt sich später, wenn die entsprechende Art dann wissenschaftlich beschrieben wird, heraus, dass sie in eine andere Gattung gestellt werden muss. So wurde z. B. aus *Pamphobeteus „wallacei"* später *Lasiodorides striatus* (SCHMIDT & ANTONELLI, 1996), und „*Aphonopelma* sp. ex. Mexiko (2)" entpuppte sich dann letztlich als *Brachypelma ruhnaui* (SCHMIDT, 1997).

Wie man sieht, steht die Systematik der Vogelspinnen noch lange nicht auf sicheren Füßen, und es ist auch in Zukunft noch mit der einen oder anderen Überraschung zu rechnen.

Männchen oder Weibchen?

Bei einigen Gattungen sehen die Männchen völlig anders aus als die Weibchen. Man spricht dann von Geschlechtsdimorphismus oder, falls sich die Unterschiede nur auf die Färbung beziehen, von Geschlechtsdichromatismus. Dieses Phänomen führte manchmal schon zu Verwechslungen, beispielsweise wurden manchmal Männchen und Weibchen ein und derselben Spezies als zwei verschiedene Arten beschrieben.

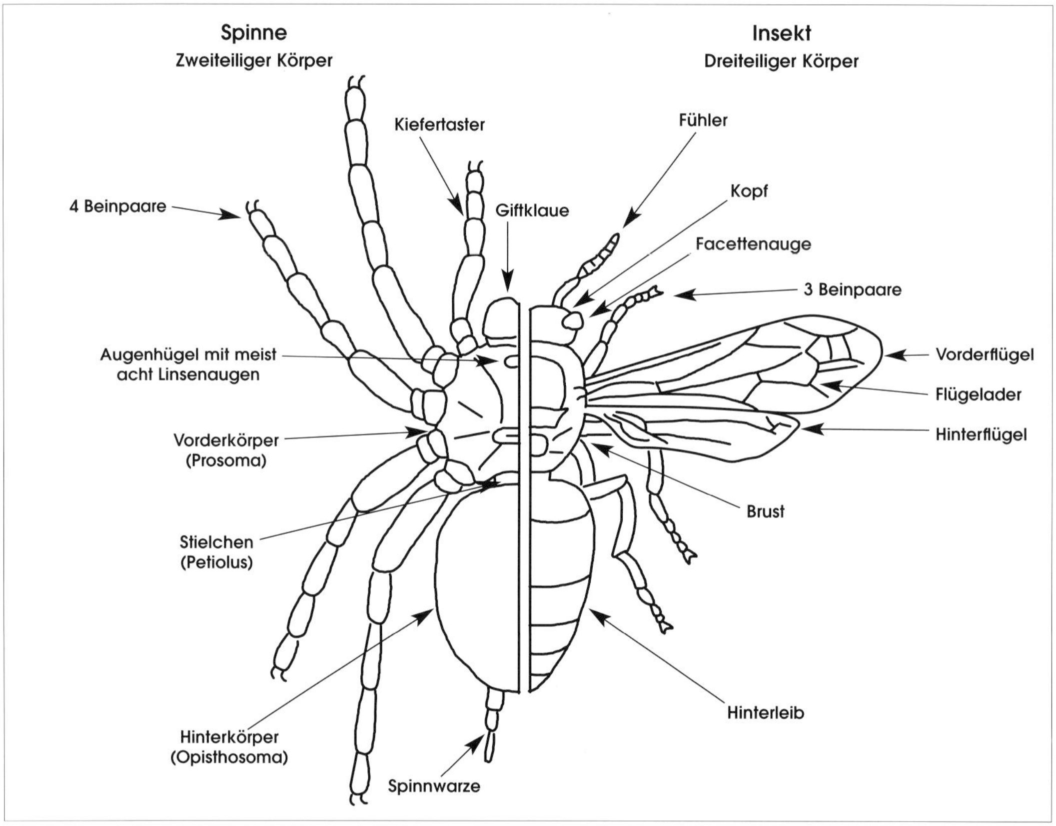

Vergleich der Baupläne von Spinne und Insekt (vereinfacht)

Körperbau

Spinnen werden vom Laien oft mit Insekten verwechselt. Allerdings unterscheiden sich die beiden Klassen in der Grundorganisation ihres Körperbaues deutlich voneinander:

Insekten

Der Körper der Insekten ist in drei Abschnitte gegliedert: Kopf (Caput), Brust (Thorax) und Hinterleib (Abdomen). Am Kopf findet man die beiden Facettenaugen und dazwischen oft noch drei kleine Augen, die so genannten Ocellen, sowie die Antennen und die Mundwerkzeuge. An der Brust sitzen die drei Beinpaare und die Flügel, die z. T. nur noch rudimentär vorhanden sein oder fehlen können. Der Hinterleib ist wie die Brust deutlich segmentiert. Beim Nervensystem handelt es sich um ein so genanntes Strickleiternervensystem, d. h. in jedem Körperabschnitt befinden sich Nervenknoten, die durch zwei parallel verlaufende Nervenstränge miteinander verbunden sind. Geatmet wird über ein Tracheensystem, das in Form von Röhren den ganzen Körper durchzieht und über schmale Öffnungen mit der Außenwelt verbunden ist.

Spinnentiere

Der Körper der Spinnentiere ist in zwei Abschnitte gegliedert: Vorderkörper (Prosoma = Kopfbrustteil) und Hinterleib (Opisthosoma). Am Vorderkörper finden sich in der Regel acht Augen,

Obwohl die Unterschiede offensichtlich sind, werden Spinnen bei vielen Menschen noch zur Gruppe der Insekten gezählt (hier *Acanthoscurria geniculata*). Foto: C. Stehr

vier Beinpaare, die Kiefertaster (Pedipalpen) und die Chelizeren (Mundwerkzeuge) mit den Giftklauen. Der Hinterleib ist durch einen dünnen Stiel (Petiolus) mit dem Vorderkörper verbunden An der Unterseite des Hinterleibes sitzt die Geschlechtsöffnung. Skorpione tragen am Ende des verlängerten letzten Körperabschnittes (Metasoma) noch einen Giftstachel. Bei den Spinnen liegen am Ende des Hinterleibes unterseits 1–3 Spinnwarzenpaare. Das Zentralnervensystem ist im Prosoma lokalisiert und besteht vor allem aus zwei großen Nervenansammlungen, dem Ober- und dem Unterschlundganglion. Geatmet wird bei den Vogelspinnen über Buchlungen, auch Fächertracheen genannt, deren Öffnungen (Stigmen) an der Unterseite des Opisthosomas zu finden sind. Bei den höheren Spinnen kommen oft noch Röhren- und Siebtracheen dazu, die den ganzen Körper durchziehen können.

Äußerer Körperbau

Prosoma

Am Prosoma sitzen die insgesamt sechs Extremitätenpaare, die aus den beiden Chelizeren, dem Paar Kiefertaster und den vier Laufbeinpaaren bestehen. Bei den Chelizeren und Pedipalpen handelt es sich entwicklungsgeschichtlich gesehen um modifizierte Laufbeine.

Die parallel zur Körperlängsachse gestellten Chelizeren bestehen aus je einem Grundglied (Basalglied) und der Giftklaue. An der Spitze je-

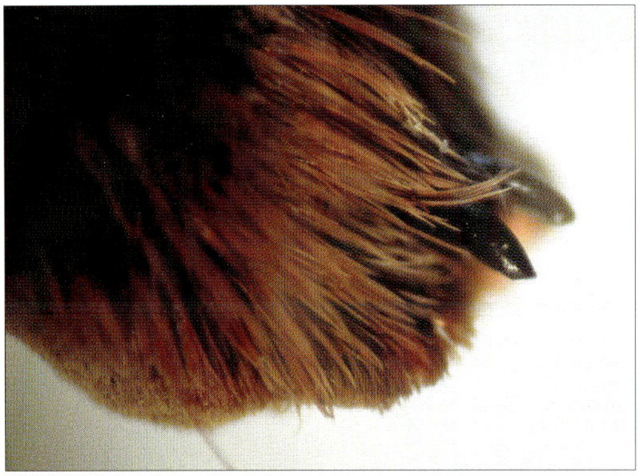

Tarsalklauen von *Psalmopoeus cambridgei*
Foto: M. Meinhardt

Bulbus von *Psalmopoeus cambridgei*
Foto: M. Meinhardt

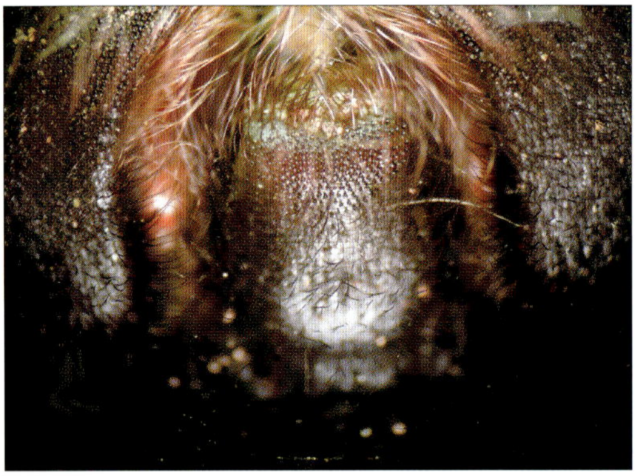

Labium von *Psalmopoeus cambridgei*
Foto: M. Meinhardt

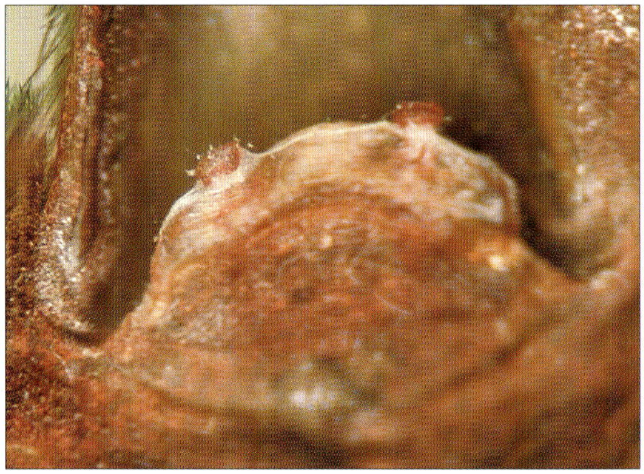

Spermathek von *Psalmopoeus cambridgei*
Foto: M. Meinhardt

der Giftklaue liegt eine abgeschrägte Öffnung, in die die Ausführgänge der Giftdrüsen münden. Während die Basalglieder frei beweglich sind, lassen die Giftklauen nur eine Auf- und Abwärtsbewegung zu. Als nächstes Extremitätenpaar folgen die Pedipalpen, die aus sechs Gliedern bestehen, nämlich körpernah beginnend Coxa (Hüfte), Trochanter (Schenkelring), Femur (Schenkel), Patella (Knie), Tibia (Schienbein) und Tarsus (Fuß). Die Coxen der Pedipalpen (Gnathocoxen) liegen beiderseits der Unterlippe (Labium) und fungieren mit ihren Raspeln (Serrulae) als Kauladen. Im vorderen Teil des Labiums sitzen kleine Zähnchenhöcker, die zusammen mit den Zähnchen der Chelizeren dem Festhalten und Zerkleinern der Beute dienen. Feine Haarsäume an den Chelizeren und Gnathocoxen benutzt die Spinne zur Reinigung der Mundwerkzeuge und Beine. So genannte Gnathocoxaldrüsen, die an den Coxen der Taster und des ersten und dritten Laufbeinpaares sitzen, sondern zum Reinigen eine proteinreiche Flüssigkeit ab, die auch zur Thermoregulation eingesetzt wird. Dazu verteilt die Vogelspinne die Flüssigkeit durch Putzbewegungen auf Beinen, Spinnwarzen und den Flanken des Opisthosomas, woraufhin Verdunstungskälte entsteht. Nachdem die Spinne dadurch abgekühlt ist, saugt sie überschüssig abgesonderte Flüssigkeit wieder ein. Diese aktive Wärmeregulation wird aber von Vogelspinnen nur in Ausnahmefällen gezeigt – normalerweise ziehen sie sich bei zunehmender Temperatur einfach tiefer in ihr Versteck zurück.

Mit der Reifehäutung zeigt sich beim Männchen am letzten Glied der Pedipalpen, dem Tarsus, das sekundäre Geschlechtsorgan. Es besteht aus einem kolbenartigen Bulbus mit einem dünnen, spitz auslaufenden Embolus, der bei der Begattung (Kopulation) in die Samentasche (Spermathek) des Weibchens eingeführt wird. Lediglich die Weibchen der Arten *Sickius longibulbi* und *Xenodendrophila gabrieli* besitzen keine Spermatheken. Der Embolus und die Spermathek passen nach dem Schlüssel-Schloss-Prinzip exakt ineinander, wodurch eine Kopulation zwischen zwei verschiedenen Vogelspinnenarten manchmal von vornherein ausgeschlossen ist. Zum Auffüllen der beiden Bulben mit Sperma stellt das Männchen vor der Paarung ein so genanntes Spermanetz her, an dem es aus seiner Geschlechtsöffnung das Sperma absetzt. Von dort saugt es das Sperma mit den Emboli in die Bulben, in denen es dann mehrere Monate lang gespeichert werden kann.

Schließlich sind noch die vier Laufbeinpaare als Extremitäten zu nennen. Sie sind wie die Taster aufgebaut, besitzen aber zwischen Tibia und Tarsus noch ein zusätzliches Glied, den Metatarsus (Mittelfuß). Am Ende der Tarsen sitzen je nach Gattung 2–3 so genannte Tarsalkrallen, die wie bei Katzen eingezogen werden können. Mit ihrer Hilfe vermögen Vogelspinnen an Bäumen oder steilen rauen Flächen hochzuklettern. An den Tarsen und bei vielen Arten auch Metatarsen der Laufbeine sowie an den Tarsen der Pedipalpen beim Weibchen und unreifen Männchen findet man an der Unterseite außerdem dichte Haarpolster.

Diese als Scopulae bezeichneten Strukturen sind bei vielen Gattungen in der Mitte durch eine oder mehrere Reihen von längeren Haaren oder Borsten längs geteilt. Auch unter den Tarsalkrallen finden sich dichte Haarbüschel, die diese sogar komplett verdecken können. Wahrscheinlich wirken durch den engen Kontakt winziger Fortsätze dieser Härchen mit dem Untergrund van-der-Waals-Kräfte, sodass Vogelspinnen sogar in der Lage sind, selbst an derart glatten Flächen wie Terrarienscheiben mühelos umherzulaufen. Die Beine tragen außerdem noch zwölf verschiedene Typen von Sinneshaaren, auf die ich weiter unten noch gesondert eingehen werde.

Männchen einiger Gattungen besitzen an den Tibien des ersten Beinpaares (bei *Iridopelma* auch des zweiten) nach der Reifehäutung spezielle Auswüchse, die Tibiaapophysen genannt werden. Je nach Gattung und Art sind sie einfach oder doppelt angelegt und unterschiedlich geformt. Sie spielen bei der Paarung eine wichtige Rolle (s. u.). Die Beine der reifen Männchen sind im Verhältnis zur Körpergröße meist länger und schlanker als die der Weibchen. Bei einigen Arten übertrifft die Beinspannweite der Männchen die der Weibchen deutlich.

Lauterzeugung

Viele Arten sind in der Lage, bei Gefahr laute Geräusche von sich zu geben, die sich wie das Zischen einer Schlange oder das Zirpen einer Grille anhören. Diese als Stridulation bezeichnete Lauterzeugung wird durch kolben-, keulen- oder lanzenspitzenförmige Borsten bzw. durch eine aus mehreren Stäbchen bestehende Lyra hervorgerufen. Das Stridulationsorgan kann je nach Art auf den Chelizeren, Coxen und/oder Trochanteren der Taster und/oder der Beine (meist des ersten) sitzen und ist so aufgebaut, dass sich „Saiten" und „Streichzapfen" (Formulierung nach Bücherl 1962) gegenüber liegen. Durch Bewegung der betreffenden Extremitäten gegeneinander werden dann die erwähnten Geräusche hervorgebracht.

Während Arten der Gattung *Spelopelma*, die in Mexiko Höhlen bewohnen, keine Augen besitzen, sind bei den übrigen Gattungen auf dem Augenhügel acht Linsenaugen in zwei Reihen angeordnet. Vogelspinnen nehmen damit jedoch vor allem Bewegungen wahr und sind zu einem Hell-Dunkel-Sehen befähigt, nicht aber zu einem Formensehen. Je nach Stellung auf dem Augenhügel des Carapax („Rückenplatte") unterscheidet man vordere Mittelaugen (dienen als Tagaugen), vordere Seitenaugen, hintere Mittelaugen und hintere Seitenaugen (sämtlich als Nachtaugen ausgebildet). Die Augen sind nach dem Typus von Ocellen aufgebaut, mit einer chitinösen Linse, einem aus einer Zellschicht bestehenden Glaskörper und einer Retina mit den lichtempfindlichen Sehzellen und Pigmentzellen, die zwischen den Sehzellen liegen.

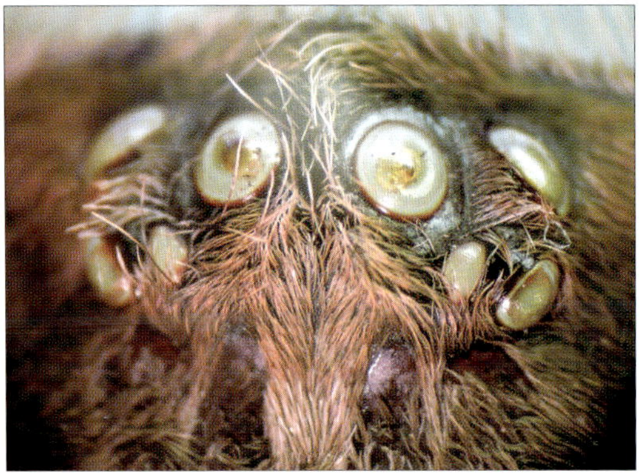

Augenhügel von *Psalmopoeus cambridgei*
Foto: M. Meinhardt

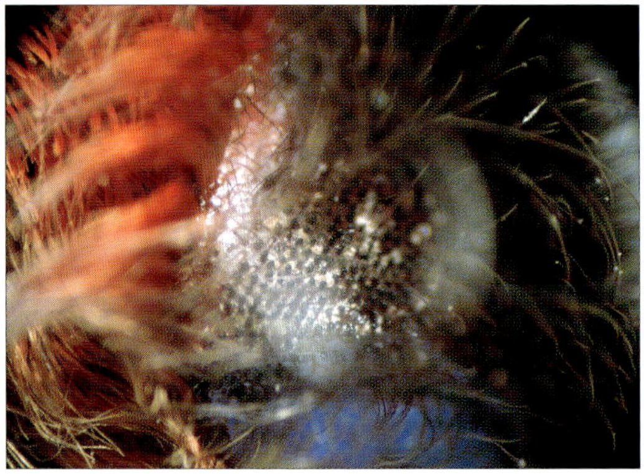

Lyraförmiges Organ von *Psalmopoeus cambridgei*
Foto: M. Meinhardt

Im hinteren Drittel des Carapax befindet sich die Prosomagrube (Thoraxgrube). Sie kann sehr unterschiedlich geformt sein. Von ihr ziehen Radialstriemen (Striae radiantes) bis zu den Beinansätzen. Sie bilden im Innern der Spinne Ansatzflächen für die Beinmuskulatur, während an der Innenseite der Prosomagrube der Saugmagen verankert ist. Das erste Striemenpaar, das am besten zu erkennen ist, trennt den Kopf- vom Brustteil. Bei den Arten der Gattungen *Acanthoscurria*, *Ceratogyrus*, *Cyrtopholis* und *Sphaerobothria* findet sich als anatomische Besonderheit ein Horn oder ein Fortsatz auf der Prosomagrube. Über die Funktion dieses Merkmals ist allerdings noch nichts bekannt.

Tast- und andere Sinneshaare

Die Augen der Vogelspinnen sind, wie Sie gerade gelesen haben, sehr einfach gebaut und wenig funktionstüchtig. Der Tastsinn der Theraphosiden ist dafür umso ausgeprägter. Die über den Körper und besonders die Extremitäten verteilten Tasthaare bestehen aus einem langen Haarschaft, der beweglich in einem Haarsockel eingelenkt ist. Nervenimpulse werden durch eine Ablenkung aus der Ruhestellung ausgelöst, wogegen die Rückkehr in die Ausgangsstellung nur selten einen Nervenimpuls zur Folge hat. Die Tiere reagieren somit beispielsweise auf Erschütterungen und Vibrationen des Bodens. Mit den Tasthaaren kann eine Vogelspinne aber nicht nur die Richtung der Beute orten, sondern auch bestimmen, wie weit entfernt und wie groß sie ist.

Als Becherhaare oder Trichobothrien werden dünne Haare bezeichnet, die einen besonders gestalteten Sockel (Becher) besitzen. Sie stehen, oft in charakteristischen Reihen angeordnet, auf diversen Beinabschnitten, reagieren auf Luftschwingungen und lösen wohl bei Vogelspinnen eine allgemeine Reaktionsbereitschaft aus bzw. leiten Flucht oder Angriff ein.

Als weiterer mechanischer Sinn sind die Spaltsinnesorgane zu nennen. Die meisten kann man in Gruppen angeordnet an den Gelenken finden, besonders an denen von Patella und Metatarsus. Bei diesen Gruppen, die als lyraförmige Organe bezeichnet werden, verlaufen die Spalten eng parallel zueinander. Die Spalten sind durch eine dünne Membran geschlossen. Wird diese Membran eingedellt, wird ein Nervenimpuls an das Zentralnervensystem weitergeleitet. Die lyraförmigen Organe vermitteln der Vogelspinne somit die jeweilige Gelenkstellung. Die metatarsalen lyraförmigen Organe nehmen feinste Vibrationen wahr. Andere Spaltsinnesorgane an den Tarsen reagieren auch auf Schallwellen. Sie sind besonders empfindlich für den Frequenzbereich zwischen 300 und 700 Hertz. Spaltsinnesorgane auf dem Petiolus registrieren wahrscheinlich die relativen Bewegungen von Pro- und Opisthosoma im Raum, sind also u. a. Schwerkraftrezeptoren.

Neben den lyraförmigen Organe liefern noch weitere solcher so genannter Propriorezeptoren

Mit Hilfe ihrer Sinneshaare nehmen Vogelspinnen auch Bedrohungen wahr und können dann entsprechend durch Flucht oder Verteidigung reagieren, wie dieses Exemplar von *Brachypelma vagans*. Foto: M. Meinhardt

der Spinne Informationen über die Gelenkstellung. Lange Tasthaare, die in Gelenknähe stehen, werden bei Beugung des Gelenkes abgebogen. Andere Propriorezeptoren liegen innerhalb der Gelenke und vermitteln der Spinne Informationen über die Gelenkstellung und auch Beginn, Richtung und Geschwindigkeit einer Stellungsänderung.

Nun zu den chemorezeptiven Sinnesorganen: Die wichtigsten sind die Geruchs- oder Geschmackshaare. Es handelt sich um Kontaktchemorezeptoren mit offener Spitze, die überwiegend vorne an den Pedipalpen und am ersten Beinpaar sitzen und beispielsweise bei der Paarung eine wichtige Funktion erfüllen. Wie bei den Insekten spielen auch bei den Vogelspinnen bestimmte Sexualduftstoffe (Pheromone) bei der Paarung eine wichtige Rolle, indem sie dem Männchen sagen, ob es sich beim Gegenüber um ein paarungswilliges Weibchen handelt oder nicht. Die weiblichen Geschlechtspheromone lösen beim Männchen auch das Balzverhalten aus. Das an der Spitze der Vorderbeine liegende Tarsalorgan enthält nach Schmidt (1993) darüber hinaus wohl auch einen Feuchtigkeitsrezeptor.

Chemorezeptive Haare dienen außerdem dem Erkennen bzw. Beurteilen der Beute: Übel schmeckende bzw. giftige Tiere werden von vielen Vogelspinnen zumindest im Adultstadium meist verschmäht.

Opisthosoma

Das Opisthosoma ist komplett mit Haaren bedeckt – außer bei so genannten Bombardierspinnen, die sich ihrer Brennhaare entledigt haben (s. u.). Die darunter liegende dünne und flexible Chitinhaut ist unpigmentiert und daher durchsichtig. Bei neuweltlichen Theraphosiden finden sich auf dem hinteren oberen Drittel des Opisthosomas so genannte Brennhaare, die bei Störung oder Gefahr mit den

beiden hinteren Laufbeinpaaren abgestreift werden können. Sie sind mit feinen Widerhaken versehen und dienen der Verteidigung, denn sie bohren sich in Haut und Schleimhäute ein und wirken stark reizend. Außerdem webt sie die Spinne in ihren Kokon ein, um ihn von Wasser unbenetzbar zu machen und um Feinde vom Eindringen abzuhalten.
Im vorderen Drittel des Opisthosomas liegen an der Unterseite die Öffnungen der beiden Buchlungenpaare, die Stigmen. Zwischen Petiolus und Stigmen findet sich die Geschlechtsöffnung, auch Epigastralfurche genannt. Im hinteren Drittel sind an der Unterseite des Opisthosomas außerdem noch die beiden Spinnwarzenpaare zu finden. Während die vorderen Spinnwarzen kurz, dick und nur zweigliedrig sind, ragen die in alle Richtungen frei beweglichen hinteren, dreigliedrigen Spinnwarzen über das Körperende hinaus.

Anatomie

Prosoma

Im Prosoma liegt, wie erwähnt, das Zentralnervensystem, das aus einem oberen Abschnitt, dem Oberschlundganglion, und einer darunter liegenden zusammenhängenden Nervenzellmasse, dem Unterschlundganglion, besteht. Vom Oberschlundganglion führen Nervenfasern zu den meist acht Augen und den beiden Chelizeren. Die Pedipalpen und Laufbeine werden durch das Unterschlundganglion mit Nervenfasern versorgt. Außerdem führt vom Unterschlundganglion ein starker Nervenstrang durch den Petiolus in das Opisthosoma. Ober- und Unterschlundganglion sind durch den Schlundring miteinander verbunden. Durch diesen verläuft die Speiseröhre, die im Saugmagen endet, der durch einen starken Muskel an der Prosomagrube befestigt ist. Vom Saugmagen führt der Vorderdarm durch den Petiolus in den Mitteldarm, der im Opisthosoma liegt. Vom Vorderdarm gehen noch zwei Seitenarme am Saugmagen vorbei nach vorne, die wiederum Ausläufer in die Coxen der Laufbeine entsenden.

Die Giftdrüsen liegen in den Basalgliedern der Chelizeren und münden mit ihren Ausführgängen an den Spitze der beiden Giftklauen. Im Vorderkörper finden sich schließlich noch die Muskeln für die Extremitäten. Das restliche Volumen des Prosoma wird von Hämolymphe ausgefüllt, der vermischten Blut- und Leibeshöhlenflüssigkeit der Vogelspinnen.

Opisthosoma

Das Herz verläuft als schmales, längliches und muskulöses Gefäß entlang dem Rücken und ist in einem voluminösen Herzbeutel gelagert. Dieser ist durch schmale seitliche und senkrechte Bänder (Ligamente) am Opisthosoma befestigt. Vom Herzen aus führt eine Hauptarterie in den Vorderkörper, verzweigt sich dort und versorgt die einzelnen Organe mit arterieller, also sauerstoffreicher Hämolymphe. Durch eine weitere sich verzweigende hintere Hauptarterie sowie einige Seitenarterien gelangt die sauerstoffreiche Hämolymphe aus dem Herzen zu den Organen im Opisthosoma. Bei den Spinnentieren sowie sämtlichen anderen Arthropoden handelt es sich um ein offenes Blutkreislaufsystem. Die arteriellen Gefäße enden also nicht in den einzelnen Organen, sondern entlassen die sauerstoffreiche Hämolymphe in deren unmittelbarer Umgebung. Die sauerstoffarme Hämolymphe sammelt sich im Innern des Körpers – bedingt durch die Schwerkraft – an der Körperunterseite. Ein Druckgefälle sorgt dafür, dass die Hämolymphe aus dem Vorderkörper in den Hinterleib zurückfließt und dort die feinen Lamellen der Buchlungen passieren kann. Von dort gelangt das Blut über Lungenvenen zum Herzen, wo es durch seitliche Öffnungen wieder eingezogen und in die Arterien gepumpt wird.

Die Atmungsorgane bestehen aus einer Vielzahl wie die Seiten eines Buches übereinander gestapelter Lamellen – daher der Name „Buchlungen". Die Lamellen wiederum bestehen aus feinen Blättchen. Die Atemöffnungen, durch die die Buchlungen Kontakt zur Umgebungsluft herstellen, werden auch Stigmen genannt. Es handelt sich um feine Öffnungen, die im Innern zu Atemvorhöfen erweitert sind. Der Innenraum der Lungenblättchen ist mit Hämolymphe angefüllt – sie nimmt den Sauerstoff aus der Luft zwischen den Lungenblättchen auf. Die Lungenblättchen werden durch feine Säul-

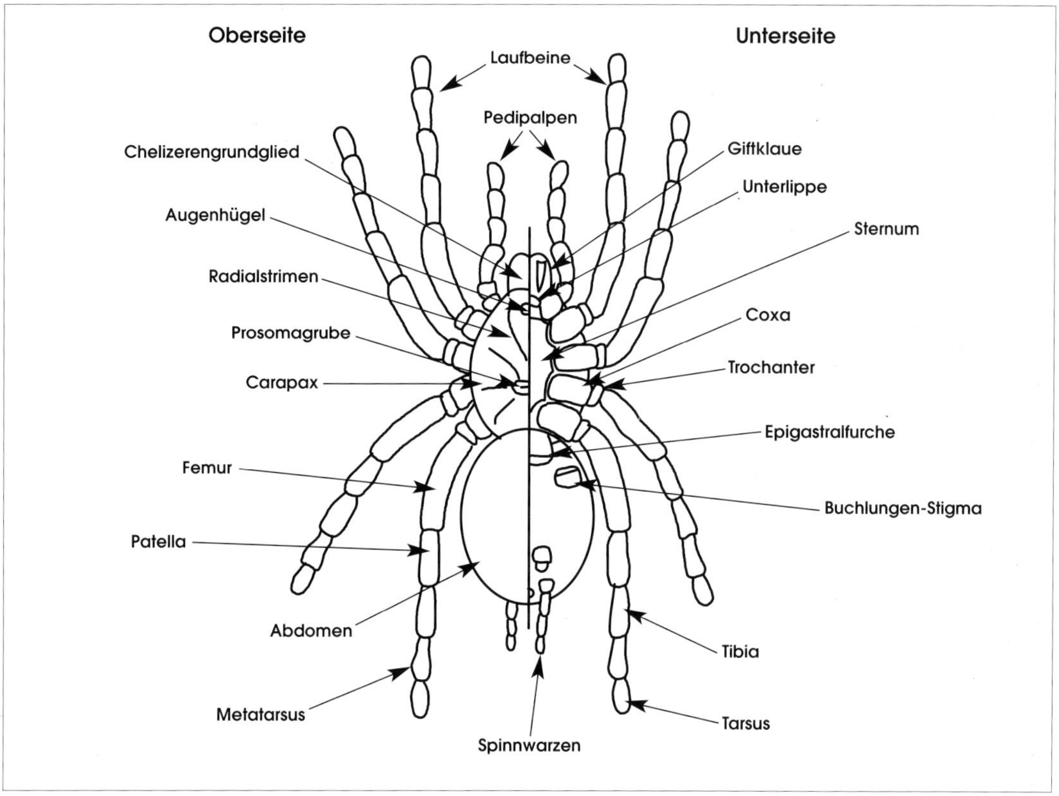

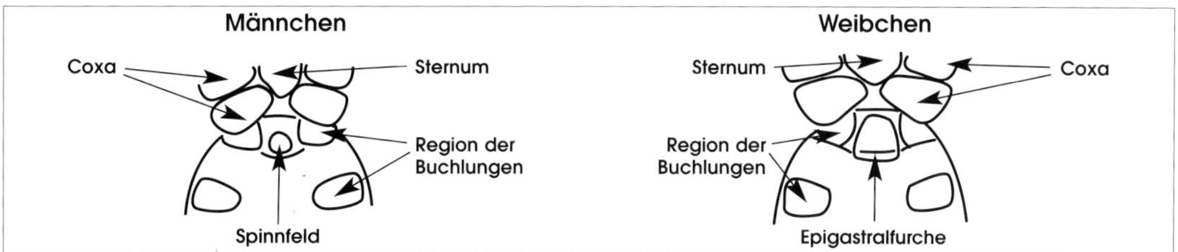

An diesem Vergleich der bauchseitigen Ausschnittszeichnungen von Männchen und Weibchen ist der Geschlechtsdimorphismus (Unterschied zwischen den Geschlechtern) deutlich zu sehen.

chen auf Abstand gehalten, damit Hämolymphe innen und Luft außen frei strömen können. Wie man durch mikroskopische Untersuchungen an lebenden Tieren feststellen konnte, sind die Stigmen durch bestimmte Muskeln zu Atembewegungen befähigt (SCHMIDT 1993).

Folgt man übrigens den Ausführungen von PAUL et al. (1989), existieren bei Vogelspinnen scheinbar zwei getrennte Kreisläufe: Die Hämolymphe aus dem Vorderkörper durchströmt demnach nur das vordere Buchlungenpaar, die aus dem Hinterleib nur das hintere.

Direkt unter dem Herzen verläuft der hintere Abschnitt des Verdauungssystems. Er gliedert sich in den Mitteldarm mit seinen weitverzweigten Blindsäcken, die Kloake, in die die Malpighi-

Nicht nur ihre Lebensweise, sondern auch die Komplexität des Organismus Vogelspinne löst eine besondere Faszination aus (hier *Brachypelma albopilosum*). Foto: M. Schmidt

schen Gefäße (Exkretionsorgane) münden, und den Enddarm mit dem abschließenden After. In den verästelten Blindsäcken des Mitteldarms können Nährstoffe gespeichert werden, die es adulten Vogelspinnen ermöglichen, mehr als ein Jahr ohne Nahrung auszukommen. Als Hauptausscheidungsorgan fungieren die bereits genannten paarigen Malpighischen Gefäße, die den größten Teil des Kotes aufbereiten, der vor allem aus Guanin, Adenin, Hypoxanthin und Harnsäure besteht, weshalb er hauptsächlich weiß getönt ist. Es können aber auch schwarze Partikel eingelagert sein, sodass er oft auch mehr schwarz als weiß gefärbt erscheint. Bis zur

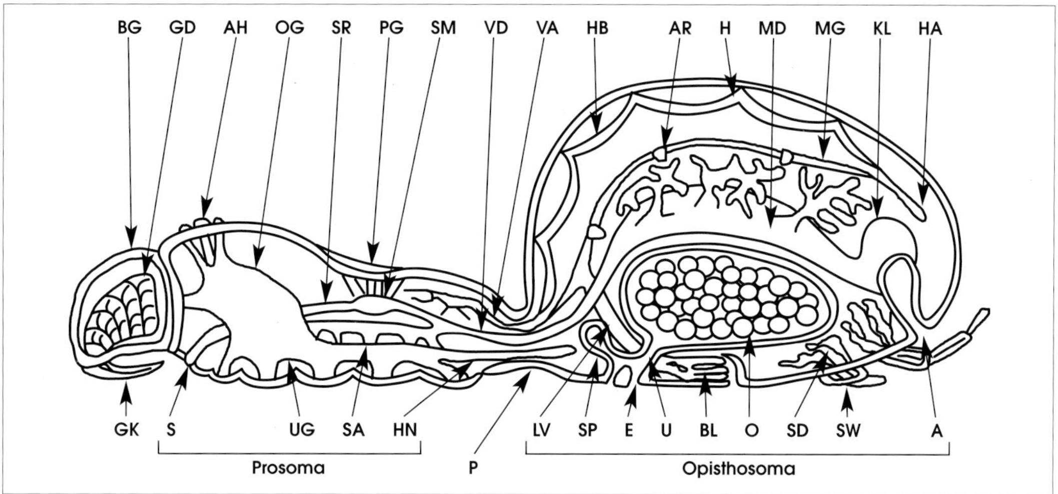

Körperbau einer weiblichen Vogelspinne (vereinfacht)

A = After
AH = Augenhügel
AR = Arterie
BG = Chelizeren-Basalglied
BL = Buchlunge
E = Epigastralfurche
GD = Giftdrüse
GK = Giftklaue
H = Herz
HA = Hintere Aorta
HB = Herzbeutel
HN = Hauptnerv
KL = Kloake
LV = Lungenvene
MD = Mitteldarm
MG = Malpighisches Gefäß
O = Ovar
OG = Oberschlundganglion
P = Petiolus
PG = Prosomagrube
S = Schlund
SA = Seitenarm
SD = Spinndrüse
SM = Saugmagen
SP = Spermathek
SR = Speiseröhre
SW = Spinnwarze
U = Uterus
UG = Unterschlundganglion
VA = Vordere Aorta
VD = Vorderdarm

Ausscheidung wird der Kot in der Kloake gespeichert.

Ein weiteres wichtiges Organ der Spinnen sind natürlich die Spinndrüsen. Ihre Ausführkanäle enden in Spinnspulen, die am Ende der Spinnwarzen liegen. Vogelspinnen besitzen mindestens vier verschiedene Typen von Spinndrüsen, die sich jedoch von denen der labidognathen Spinnen unterscheiden. Der von den Spinndrüsen produzierte flüssige Spinnstoff erstarrt sehr schnell an der Luft. Die Ursache für dieses Phänomen konnte bis heute noch nicht eindeutig geklärt werden. Neueren Untersuchungen zufolge liegt es jedoch nicht an der Lufteinwirkung, wie früher angenommen, sondern daran, dass sich die aus Polypeptidketten (Eiweißstoffen) bestehenden Moleküle bedingt durch die Zugspannung neu ausrichten (FOELIX 1992). Die Proteine sind wasserunlöslich und in der Zugfestigkeit vergleichbar mit Nylon. Je nach Funktion der Spinnseide kann die Vogelspinne die unterschiedlichen Typen von Spinndrüsen miteinander kombinieren und durch bestimmte „Ventile" sogar die Stärke des austretenden Spinnfadens kontrollieren.

Als Letztes sind noch die Geschlechtsorgane zu nennen. Männchen besitzen Hoden, die aus stark geknäulten Schläuchen bestehen und deren gemeinsamer Ausführgang in der Epigastralfurche endet. Die umfangreichen Eierstöcke (Ovarien) nehmen beim Weibchen den Großteil des Opisthosomas ein. Ihre Ausführgänge, die Eileiter oder Uteri, münden in einer erweiterten Tasche. Sie ist durch einen Gang mit den meist paarigen Samentaschen verbunden, auch Spermatheken oder Receptacula seminis genannt, in denen das Sperma des Männchens z. T. über mehrere Monate hinweg gespeichert werden kann (Ausnahmen: Die schon erwähnten spermathekenlosen *Sickius longibulbi* und *Xenodendrophila gabrieli*). Durch eine spezielle Klappe zwischen der erweiterten Tasche und der Spermathek können die Weibchen die Eier mit dem männlichen Samen in Kontakt bringen, bevor sie bei der Ablage aus der Epigastralfurche austreten.

Giftigkeit

Das Gift der Vogelspinnen ist nach bisherigen Erkenntnissen für den Menschen nicht lebensbedrohlich. Das liegt u. a. daran, dass ihre Giftdrüsen relativ klein sind und nur innerhalb der Chelizeren liegen. Labidognathe Spinnen besitzen dagegen recht große Giftdrüsen, die weit aus den Chelizeren in das Prosoma reichen können. So wurde schon zu Beginn der 1950er-Jahre durch Tierversuche nachgewiesen, dass eine Vogelspinne mit einem Biss theoretisch ein Säugetier von maximal 500 g töten könnte (BÜCHERL 1962). Anderen Untersuchungen zufolge könnte die südamerikanische Art *Acanthoscurria musculosa* mit einem Biss maximal 1,2 kg Mäuse töten (SCHMIDT 1993). Dementsprechend harmlos sind Vogelspinnen in aller Regel für den Menschen. Gebissene berichten im Allgemeinen über mittlere bis starke Schmerzen, verbunden mit einer leichten örtlichen Schwellung, was einige Stunden bis Tage anhalten kann.

Von der Gattung *Brachypelma* wird berichtet, dass die Bisse nur leichte bis mäßige Schmerzen verursachen, die nur wenige Stunden anhalten. Mäßige bis starke Schmerzen rufen die Bisse von Exemplaren der Gattung *Poecilotheria* hervor. Daneben können auch noch leichte Lähmungserscheinungen im Bereich der Bissstelle und Krämpfe in der betroffenen Gliedmaße dazukommen, die erst nach einer Woche wieder vollständig zu-

Theraphosa blondii gehört zu den sehr aggressiven neotropischen Arten und sollte auf gar keinen Fall mit der Hand angefasst werden. Das Foto zeigt sie in ihrer typischen Abwehrhaltung. Bei Störung richtet sie sich sofort steil auf und zögert nicht, kräftig zuzubeißen. Da ihre Chelizeren bis zu 1,7 cm lang werden können, verursacht ein Biss tiefe Wunden. Foto: C. Stehr

Das Bombardieren geschiet sehr schnell. Bei vielen Menschen verursachen die Brennhaare auf der Haut einen starken Juckreiz, der erst nach Tagen vollständig abklingt. Foto: C. Stehr

rückgehen (D. PINZ & H. BRÜNNING, pers. Mittlg.). Die Gifte dieser Gattung rechnet man zu den stärksten bei Vogelspinnen. Von den afrikanischen Arten der Gattung *Stromatopelma* wird berichtet, dass Gebissene über starke Schmerzen, Schüttelfrost und Fieber klagten. Auch diese Symptome sollen erst nach einer Woche vollständig zurückgehen. Außerdem soll es bei einer Person zu einem Rückfall gekommen sein, dessen Symptome – starke Schmerzen, Schüttelfrost und Fieber – nach zwei Tagen wieder verschwunden waren (CHARPENTIER 1996). Das Gift von *Aphonopelma hentzi* enthält ein Nekrotoxin, kann also Gewebeschäden auslösen. Insgesamt gesehen ist aber bisher noch kein einziger Todesfall bekannt geworden, auch wenn ein solcher bei einer allergisch reagierenden Person denkbar wäre.

Noch nicht geklärt ist auch, ob Menschen mit einer Allergie gegen Insektenstiche auf Vogelspinnenbisse ebenso heftig reagieren wie auf Stiche von Bienen oder Wespen. Auf jeden Fall sollten diese Personen besonders vorsichtig im Umgang mit Vogelspinnen sein, um eventuelle Komplikationen von vornherein zu vermeiden. Insgesamt sind für den Verlauf des Krankheitsbildes die Stelle des Bisses und die Menge und Qualität des injizierten Giftes sowie die körperliche und gesundheitliche Verfassung der betroffenen Person von entscheidender Bedeutung.

Was tun nach einem Biss?

Auf jeden Fall sollte man nach einem Biss die Wunde gründlich mit Desinfektionsmittel reinigen, da die z. T. sehr langen Chelizeren tief ins Fleisch eindringen und schmerzhafte Wunden hervorrufen; dabei können Bakterien übertragen werden, die u. U. zu bösen Sekundärinfektionen und Entzündungen führen. Bei jeglicher Komplikation oder jeglicher Verschlechterung des Gesundheitszustandes sollte der Arzt aufgesucht werden.

Die durch das Bombardieren entstandene „Glatze" wird nach der nächsten Häutung verschwunden sein. Foto: K. Kunz

Zum Glück zeigen Vogelspinnen meistens ein deutliches Abwehrverhalten, bevor sie zubeißen, sodass man sich auf aggressives Verhalten einstellen kann. Bei Beunruhigung stellen sie ihren Vorderkörper, die Pedipalpen und die beiden vorderen Beinpaare steil nach oben auf und schlagen auch damit zu. Bei sehr aggressiven Arten kann dann schon mal ein Tropfen Gift aus den weit gespreizten Chelizeren tropfen. Arten mit Stridulationsorganen fangen an, Geräusche von sich zu geben, die auch für das menschliche Ohr deutlich zu hören sind. Es versteht sich von selbst, dass man bei einer so deutlichen Warnung nicht mit der Hand in die Nähe der Spinne fasst, da man sonst eventuell mit einem Biss zu rechnen hat. Muss man im Terrarium einer sehr aggressiven Spinne hantieren, so empfiehlt es sich, robuste Lederhandschuhe zu tragen und eine langstielige Pinzette zu benutzen. Generell kann man das Risiko eines Bisses sehr stark vermindern, wenn man die Tiere artgerecht hält, ihnen vor allem ausreichend Versteckplätze anbietet, in die sie sich bei Beunruhigung zurückziehen können.

Weniger aggressive Arten aus der neuen Welt neigen dazu, bei Beunruhigung ihren Hinterleib anzuheben und ihre dort sitzenden Brennhaare mit den Hinterbeinen dem Gegner in feinen Wolken entgegenzuschleudern. Daher werden diese Arten auch „Bombardierspinnen" genannt. Dort, wo die Hinterleibsbehaarung abgestreift wurde, bleibt eine kahle Stelle zurück, die man „Glatze" nennt. Bei nicht zu alten Tieren stehen dort nach der nächsten Häutung aber wieder neue Brennhaare.

Die Brennhaare sind mit kleinen Widerhaken versehen, die sich schnell in der Haut festsetzen und abbrechen. Bei empfindlichen Personen bilden sich dann kleine Bläschen, die stark jucken und erst nach einigen Tagen wieder vollständig zurückgehen.

Gelangen die feinen Brennhaare in die Atemwege, können sie bei Allergikern zu asthmatischen Anfällen führen. Bekommt man die Haare in die Augen oder die Nase, kann es neben Juckreiz auch zu bösen Entzündungen der Schleimhäute kommen. Zudem hat man festgestellt, dass sich die Widerhaken in der Hornhaut der Augen festsetzen. Brechen sie dann ab, vernarben diese Stellen, und es kommt unter Umständen zu einer Beeinträchtigung der Sehfähigkeit.

In der freien Natur stellen die Brennhaare eine effektive Verteidigungswaffe gegen Fressfeinde dar. Wenn der Angreifer eine Wolke der feinen Brennhaare ins Gesicht bekommt, führt das zu stark gereizten Schleimhäuten, die brennen und jucken. Zwar gehen diese Erscheinungen nach wenigen Stunden wieder vollkommen zurück, und das Tier erleidet dadurch keinen ernsthaften Schaden, doch wird es aufgrund dieser unangenehmen Erfahrung wahrscheinlich demnächst Vogelspinnen meiden.

Ein weiteres Verhalten zur Verteidigung ist das gezielte Spritzen von Kot, mit dem sich etwa *Acanthoscurria*-Arten kleinere Fressfeinde vom Leib halten.

Man sollte Vogelspinnen immer mit dem nötigen Respekt begegnen und bedenken, dass sie keine Schmusetiere sind, die sich zähmen lassen oder mit denen man spielen kann. Bei Bedrohung werden sie sich wie jedes andere Tier zur Wehr setzen, aggressive Arten durchaus auch mit einem

Diese *Theraphosa blondii* macht recht eindeutig klar, dass ihr die Störung sehr ungelegen kommt. Sie gehört zu den Vogelspinnen, die sowohl bombardieren als auch Abwehrbisse einsetzen und denen mit großer Vorsicht zu begegnen ist. Foto: M. Meinhardt

Biss. Besitzen sie Brennhaare, so werden aber meistens erst diese zur Verteidigung eingesetzt. Nicht aggressive Arten, darunter viele Bombardierspinnen, ergreifen eher die Flucht. Erst wenn das nichts nützt, benutzen sie ihre Brennhaare oder versuchen, durch kräftiges Schlagen mit den vorderen Beinen den Feind abzuschrecken.

Das Gift der Vogelspinnen ist auf ihre Beute abgestimmt. Insekten werden innerhalb von wenigen Minuten und kleine Echsen innerhalb von einigen Stunden getötet. Bei einigen spezialisierten Vogelspinnenarten wirkt das Gift auf Eidechsen jedoch binnen weniger Sekunden tödlich. Vogelspinnengifte sind aus verschiedenen Proteinbestandteilen aufgebaut. Die genaue Zusammensetzung ist allerdings bisher nur bei wenigen Arten untersucht worden. Die Gifte enthalten teils schlaffördernde Komponenten, die entsprechend pharmazeutisch genutzt werden sollen.

Nach neueren Untersuchungen bestehen Vogelspinnengifte aus bis zu 150 verschiedenen Komponenten, von denen einige als wirksame Medikamente gegen Herzinfarkt genutzt werden könnten.

Geschichte

Über die Evolution der Vogelspinnen ist leider nur wenig bekannt. Die ältesten bekannten fossilen Verwandten der heutigen Vogelspinnen hat man in Bernsteineinschlüssen aus dem mittleren Devon Nordamerikas entdeckt. Sie sind somit ca. 350 Millionen Jahren alt. Wie man heute weiß, gehörten die Vogelspinnen vor 310–240 Millionen Jahren, also im so genannten Karbonzeitalter, zu den häufigsten Spinnen überhaupt. Bis vor zwei Millionen Jahren, im Tertiär, lebten sie sogar noch hier in Deutschland, als in Mitteleuropa ein tropisches Klima herrschte (Schmidt 1986).

Bei *Cyriocosmus elegans* handelt es sich um einen besonders hübschen Vertreter der neuweltlichen *Ischnocolinae* aus Venezuela. Foto: M. Meinhardt

Verbreitung

Vogelspinnen sind weltweit in den Tropen und Subtropen, aber auch in gemäßigten Breiten beheimatet. Die nördlichste Verbreitung in Nordamerika erstreckt sich bis zum 40. Breitengrad und liegt in den Bundesstaaten Kalifornien (Sacramento) und Colorado (Puebla). Die südlichste Verbreitungsgrenze in Südamerika findet sich etwa auf dem 50. Breitengrad. Bei den nordamerikanischen Arten handelt es sich hauptsächlich um Vertreter der Unterfamilie Theraphosinae. Außerdem kommt dort noch die wenig bekannte Unterfamilie Spelopelminae vor. In Mittelamerika sind Vogelspinnen praktisch überall zu finden. Die bekanntesten Arten gehören zu den Unterfamilien Aviculariinae und Theraphosinae. Ebenso sind hier Vertreter aus den Unterfamilien Acanthopelminae, Spelopelminae und „Neuweltliche Ischnocolinae" zu finden. In Südamerika sind die Unterfamilien Acanthopelminae, Aviculariinae, „Neuweltliche Ischnocolinae" und Theraphosinae beheimatet (Systematik nach Schmidt 1996).

Auch in Afrika sind Vogelspinnen weit verbreitet und nur in den sehr trockenen Wüstenzonen nicht zu finden. Hier handelt es sich um die Unterfamilien Eumenophorinae, Ischnocolinae, Harpactirinae, Selenogyrinae und Stromatopelminae. Im Mittelmeergebiet gibt es sogar drei Vogelspinnenarten auf europäischer Seite, relativ kleine Vertreter der Unterfamilie Ischnocolinae. Auch im Mittleren Osten kann man einige Theraphosiden antreffen, ebenfalls Vertreter der Unterfamilie Ischnocolinae. In der Ukraine und in Russland wurden allerdings noch keine Vogelspinnen gefunden. In Asien sind die Theraphosiden bis nach Nepal und Südchina vorgedrungen. Hier sind die Unterfamilien Ischnocolinae, Ornithoctoninae, Poecilotheriinae, Selenocosmiinae, Selenogyrinae und Thrigmopoeinae verbreitet. Auch auf den Philippinen, in Indonesien und Neuguinea gibt es Vogelspinnenarten, die zu den Unterfamilien Ornithoctoninae und Selenocosmiinae gehören. Einige Arten der Gattung *Selenocosmia* aus der Unterfamilie Selenocosmiinae haben sich auch in Australien angesiedelt (Systematik nach Schmidt 1996).

Diese schematische Darstellung veranschaulicht, dass den Vogelspinnen eine Verbreitung nur innerhalb der wärmeren Regionen möglich war (die orange eingefärbte Zone entspricht grob dem Verbreitungsraum der Vogelspinnen).

Kulturfolger

Viele Arten kann man auch als Kulturfolger in der Nähe des Menschen finden. *Poecilotheria fasciata* aus Indien und Sri Lanka beispielsweise dringt bis in die menschlichen Behausungen und Plantagen vor (P. Klaas, pers. Mittlg.). Laut Charpentier (1996) bewohnt *Stromatopelma calceatum* Bananenplantagen in Sierra Leone (Afrika). In Mexiko ist es die Art *Brachypelma emilia*, die sich den Zivilisationsmüll zunutze macht und in großen Kolonien die dortigen Müllhalden bewohnt (P. Klaas pers. Mittlg.). *Cyrtopholis anacanta* aus Kuba wurde bisher nur in der Stadt Guantanamo nachgewiesen. Die Art soll dort sehr häufig in dicht besiedelten Wohngebieten und in unmittelbarer Nähe stark befahrener Hauptstraßen zu finden sein (Rudloff 1996).

Es gibt sehr spezialisierte Arten, die auf einen bestimmen Lebensraum angewiesen sind und nur endemisch vorkommen, also auf ein bestimmtes Verbreitungsgebiet beschränkt sind. *Poecilotheria subfusca* etwa ist nur in den Hochgebirgswäldern Sri Lankas zu finden, wo sie in Höhen von bis zu 2400 m ü. NN vorkommt. *Poecilotheria rufilata* aus Indien konnte bislang nur im Nationalpark von Agostyavalam und im Gebiet von Kallar/Ponmudi nachgewiesen werden. Auch sie lebt in den Hochgebirgswäldern in Höhen zwischen 900 und 1400 m ü. NN. Durch die Zerstörung ihres Lebensraums ist sie mittlerweile stark von der Ausrottung bedroht (Charpentier 1997).

Andere Arten dagegen sind über große Gebiete verbreitet. So wurde z. B. *Pamphobeteus nigricolor* in Bolivien, Peru, Ecuador und Kolumbien nachgewiesen. *Haplopelma albostriatum* kommt von Kambodscha über Thailand bis Myanmar vor.

Auch auf Gattungsebene gibt es weit verbreitete Vertreter ebenso wie Endemiten: Große Gebiete bewohnen beispielsweise *Aphonopelma* in Nord- und Mittelamerika oder *Haplopelma* in Asien, *Brachionopus* und *Harpactira* dagegen leben nur in Südafrika, *Cratorrhagus* findet man lediglich in Syrien, und *Nesiergus* kommt ausschließlich auf den Seychellen vor.

Lebensweise

Vogelspinnen sind überwiegend nachtaktive Tiere, die sich den Tag über in ihr Versteck zurückziehen und erst mit einsetzender Dunkelheit zum Vorschein kommen. Sie lauern dann oft am Versteckeingang die ganze Nacht über bis in die frühen Morgenstunden auf Beute. Nur die adulten männlichen Tiere sind häufig auch am Tage unterwegs, um ein paarungsbereites Weibchen zu finden. Wichtige Abschnitte im Leben einer Vogelspinne, wie Häutung, Spermanetz- und Kokonbau, finden meist in der Nacht statt.

Vogelspinnen sind ganz überwiegend Lauerjäger, die vorbeiziehende Beute überwältigen. Nur extrem ausgehungerte Tiere sind auch tagsüber auf Nahrungssuche. Das durch einen Biss gelähmte bzw. durch die mechanische Einwirkung der Chelizeren getötete Beutetier wird oft anschließend im Versteck auf dem Boden durch kreisende Bewegungen leicht eingesponnen und erst dann ausgesaugt. Bei großen Beutetieren wartet die Vogelspinne zunächst, bis das gebissene Tier durch die lähmende Wirkung des Giftes bewegungsunfähig geworden ist, und nimmt es erst dann mit den Chelizeren auf, um es einzuspinnen und zu fressen.

Die Spinnseide wird aber auch für andere Zwecke genutzt. So dient sie z. B. zum Auskleiden der Wohnhöhle oder zum Bau des Wohngespinstes. Daneben gibt es auch spezielle Signalfäden, die vom Versteckeingang ausgehen und auf kleinen seidenen Stützen am Untergrund befestigt sind. „Stolpert" ein Insekt über einen Signalfaden, kann die Vogelspinne blitzschnell seine Position orten und es erbeuten. Andere Arten von Spinnseide werden zum Bau eines Eikokons oder des Spermanetzes (s. u.) verwendet.

Generell werden zwei Typen von Lebensweisen bei Vogelspinnen unterschieden: Bodenbewohnende und baumbewohnende Arten, wobei es jedoch Übergangsformen gibt. Einige Vertreter der eigentlich baumbewohnenden Gattung *Psalmopoeus* z. B. können auch im Wurzelgeflecht umgestürzter Bäume gefunden werden (P. KLAAS, pers. Mittlg.). Die Jungtiere anderer Baumbewohner leben die erste Zeit sogar vollständig in Verstecken auf dem Boden, bevor sie in höhere Lagen wandern (CHARPENTIER 1996).

Bodenbewohnende Arten

Viele Bodenbewohner graben mit ihren Chelizeren tiefe Röhren und Gangsysteme ins Erdreich. Andere bewohnen Spalten unter Steinen und Totholz oder nutzen bereits vorhandene Nagetierbaue und gestalten diese weiter aus. Die meisten neuweltlichen Vertreter dieser Gruppe sind relativ kräftig gebaut, während die altweltlichen Vertreter oft recht schlank sind (s. u.). Hier finden sich auch die größten Vogelspinnenarten, die zu den Gattungen *Theraphosa*, *Grammostola*, *Pamphobeteus*, *Xenesthis*, *Acanthoscurria* und *Lasiodora* gehören. *Theraphosa blondii* aus Venezuela, Brasilien und Guyana erreicht eine Körperlänge von bis zu 12 cm. Die Männchen von *Grammostola mollicoma* aus Argentinien, Paraguay, Uruguay und Süd-Brasilien können Beinspannweiten von bis zu 30 cm aufweisen.

Die typischen Höhlenbewohner aus Afrika sind in der Regel schlank im Körperbau, mit sehr kräftigen hinteren Grabbeinen. Ihre Röhren können bis zu 2 m tief in den Boden reichen und aus einem weit verzweigten Gangsystem bestehen, das mehrere Ein- und Ausgänge besitzt und oft auch einige Blindstollen aufweist (CHARPENTIER 1994; D. PINZ, pers. Mittlg.).

Hysterocrates hercules, mit bis zu 8,5 cm Körperlänge eine der größten Vogelspinnenarten Afrikas, kommt in lockeren Kolonien im Grenzgebiet von Niger und Nigeria vor. Während der Paarungszeit können Männchen und Weibchen friedlich nebeneinander im gleichen Versteck angetroffen werden. Auch die Jungtiere sind untereinander sehr verträglich. Sie leben einige Zeit zu mehreren in derselben Höhle und teilen sich sogar größere Beutetiere, die sie zuvor zusammen erlegt haben (KARL 1998).

Die neuweltlichen Arten haben überwiegend einen gedrungenen Körperbau. In Nord- und Mittelamerika leben die meisten Arten in Erdhöhlen, während viele südamerikanische Arten nur flache Baue unter Steinen oder umgefallenen Bäumen

Dieses Exemplar von *Aphonopelma moderatum* ist ein wirklich schönes Beispiel für eine bodenbewohnende Vogelspinne.
Foto: B. Love/Blue Chamaeleon Ventures

anlegen oder bereits vorhandene Verstecke als Unterschlupf nutzen bzw. ausbauen.

Die nordamerikanischen Arten ziehen sich im Winter in Gebieten, in denen die Temperaturen unter den Nullpunkt fallen können, tief in ihre Wohnröhre zurück, verschließen den Eingang mit Erdreich und kommen erst im Frühjahr wieder zum Vorschein. Dies bedeutet eine Fastenperiode von mehreren Wochen bis Monaten. Die mittel- und südamerikanischen in Trockengebieten heimischen Arten überdauern Trockenperioden ebenfalls in ihren Wohnhöhlen.

Baumbewohnende Arten

Bei diesen Tieren handelt es sich um sehr wendige und schnelle Vogelspinnen mit langen, relativ dünnen Beinen und stark ausgebildeten Haftpolstern an den Tarsen und Metatarsen. Sie alle bauen entweder große, ausladende Wohngespinste oder nutzen Astlöcher, Nisthöhlen von Vögeln u. Ä. als Versteckplätze. Einige Vertreter der neotropischen Gattung *Avicularia* bewohnen auch die Trichter von Bromelien.

Unter den Baumbewohnern gibt es einige Arten, die man zuweilen in großen Kolonien antreffen kann. Von der Gattung *Poecilotheria* ist bekannt, dass bei einigen Arten Tiere aus verschiedenen Generationen und unterschiedlichen Geschlechts in einem großen Versteck friedlich nebeneinander wohnen. Und CHARPENTIER (1996) berichtet, er habe in großen Palmen bis zu 50 Individuen unterschiedlicher Größe der Art *Stromatopelma calceatum* gefunden. Die großen Weib-

Iridopelma hirsutum **ist eine baumbewohnende Art.** Foto: C. Stehr

chen sollen vorwiegend in den Palmenkronen zu finden sein, während kleinere Tiere weiter unten in den Blattachseln wohnen.

Die Vertreter der afrikanischen Gattung *Pterinochilus* leben in der Buschvegetation in Höhen von bis zu 2 m, wo sie ausladende Wohngespinste anfertigen. Man kann sie aber auch auf dem Boden finden, etwa an Baumstämmen oder Sträuchern. Dort graben sie Wohnhöhlen, die durch große Gespinste mit mehreren Ein- und Ausgängen erweitert werden und mit losem Material getarnt sind.

Auch größere Tiere stellen für die meisten Vogelspinnen kein Problem dar (hier *Chromatopelma cyaneopubescens*).
Foto: K. Kunz & M. App

Nahrung

Die meisten Vogelspinnenarten sind nicht besonders wählerisch, was ihre Nahrung angeht. Sie erbeuten normalerweise alles, was sie noch überwältigen können. Die Beute besteht beim Großteil der Arten vorwiegend aus Insekten, wie z. B. Käfern, Grillen, Zikaden, Heuschrecken und Schmetterlingen, sowie aus Spinnentieren. Es werden aber auch kleine Reptilien und Amphibien erbeutet, etwa Echsen und Schlangen sowie Frösche. Kleinere Nagetiere, wie Mäuse, fallen in der freien Wildbahn den Vogelspinnen meistens nur dann zum Opfer, wenn eine erdbewohnende Art einen bewohnten Mäusebau beziehen möchte und dabei die darin lebenden Mäuse (besonders die Jungen) erbeutet. Von baumbewohnenden Arten werden selten auch einmal Jungvögel überwältigt.

Verdaut wird vor dem Mund. Nach dem Giftbiss würgt die Vogelspinne Verdauungssäfte aus, mit deren Hilfe die Nahrung aufgelöst und vorverdaut wird. Auch die Enzyme im Giftcocktail der Spinne unterstützen diesen Prozess. Anschließend saugt die Spinne die verflüssigte Nahrung ein. Dabei filtert sie die nährstoffreiche Flüssigkeit gleich zweifach. Zuerst werden, wenn das Tier die Nahrung durch die sehr enge Mundöffnung einsaugt, größere Nahrungspartikel durch mundständige Borstenhaare aufgefangen. Anschließend sorgen mikroskopisch kleine Querrinnen in der Rückwand der Oberlippe dafür, dass durch den Schlund (Pharynx) nur noch Nahrungspartikel

Fastenzeiten

Das Hungervermögen ist wohl bei keiner anderen Spinnenfamilie so ausgeprägt wie bei den Vogelspinnen. Einjähriges Fasten macht einer erwachsenen, gut genährten Vogelspinne fast nichts aus. Viele Vogelspinnenarten fasten, wenn sie sich ausreichend Reserven angefressen haben, sogar freiwillig für einige Wochen bis Monate. Sie ziehen sich dann in ihr Versteck zurück und verschließen den Eingang durch Erdreich oder Spinngewebe. Allerdings reagieren sie empfindlich auf Feuchtigkeitsverlust, sodass sie öfters trinken müssen, besonders, wenn die relative Luftfeuchtigkeit niedrig ist.

von ca. 1 µm Durchmesser gelangen können. Die Pharynxmuskulatur und die Muskeln des Saugmagens bewerkstelligen dabei das Einsaugen. Um die beiden Nahrungsfilter hinterher zu säubern, wird nach jeder Mahlzeit Verdauungssaft nach oben gepumpt. Dadurch gelangen die gefilterten Partikel nach außen, wo sie dann an den Mundteilen feste Klümpchen bilden (FOELIX 1979). Diese werden anschließend mit den Pedipalpen abgebürstet. Die harten, nicht verflüssigbaren Bestandteile der Beute, wie der Chitinpanzer bei Insekten oder die Knochen bei Wirbeltieren, werden zu einem Knäuel zusammengesponnen und aus dem Versteck befördert. Die Nahrungsaufnahme kann bei großen Beutetieren, wie z. B. Eidechsen, über 24 Stunden dauern.

Häutung

Damit Vogelspinnen wachsen können, müssen sie ihren starren Chitinpanzer von Zeit zu Zeit abstreifen. Die Häutung kündigt sich im Allgemeinen dadurch an, dass die Vogelspinne die Nahrung verweigert und sich in ihr Versteck zurückzieht. Noch besser kann man eine bevorstehende Häutung bei Vogelspinnen mit „Glatze", also mit lückenhafter Behaarung auf dem Opisthosoma, erkennen: Diese färbt sich 1–2 Wochen vor der Häutung langsam schwarz, da sich in dieser Zeit darunter die neue Haut mit der kompletten Hinterleibsbehaarung bildet. Die Häutung dauert je nach Alter und Größe der Vogelspinne eine bis mehrere Stunden.

Kurz vor der eigentlichen Häutung legt die Spinne ein dichtes Seidengespinst an, den so genannten Häutungsteppich, auf dem sie für die nächste Zeit regungslos sitzen bleibt. In dieser Phase bildet sich zwischen der alten und neuen Haut, die nun vollständig ausgebildet zusammengefaltet darunterliegt, die so genannte Häutungs- oder Exuvialflüssigkeit aus. Diese löst die Gewebsschichten zwischen den beiden Häuten vollständig auf, wobei aber die Verbindungen zu den Sinneshaaren bis kurz vor dem eigentlichen Häutungsakt bestehen bleiben. Die Exuvialflüssigkeit fungiert außerdem bei der Häutung als Schmiermittel, damit die Spinne besser aus ihrer alten Haut (Exuvie) herausschlüpfen kann. Nun legt sich die Vogelspinne meist auf den Rücken und verharrt wieder für einige Stunden regungslos. Der eigentliche Häutungsakt wird durch einen deutlichen Anstieg der Herzfrequenz eingeleitet. Dadurch wird Hämolymphe ins Prosoma gepumpt, sodass dieses

Grillen gehören zu den Standardtieren bei der Fütterung von Vogelspinnen.
Foto: C. Stehr

Kurz vor der Häutung dreht sich die Spinne, es handelt sich um *Grammostola rosea*, auf den Rücken. Foto: T. Ziegler

eine Gewichtszunahme von bis zu 80 % erfährt, während das Opisthosoma um bis zu 30 % leichter wird. Der normale Hämolymphdruck verdoppelt sich, bedingt durch die gesteigerte Herzfrequenz und ein erhöhtes Schlagvolumen. Nun reißt die dünne Haut, bei den Chelizerengrundgliedern beginnend, der ganzen Länge des Prosomas nach seitlich auf, eingeleitet durch Auf- und Abbewegungen der Chelizeren. Nachdem der Carapax abgesprengt ist, werden die Beine und Pedipalpen ruckartig Stück für Stück herausgezogen, was einige Zeit in Anspruch nimmt. Dornen an den Beinen, die in die alte Haut hineinweisen, lassen nur die Auswärtsrichtung zu, d. h. die Beine können nicht mehr in die alte Haut zurückrutschen, da sich die Dornen darin verkeilen.

Dieser Vorgang wird zunächst durch den Hämolymphdruck bewirkt, wobei der Herzschlag die Beine ruckartig vorantreibt. Verliert der Herzschlag die treibende Kraft, reicht also der Hämolymphdruck nicht mehr aus, werden die Muskeln eingesetzt. „Das erste und vierte Bein bleiben in Ruhe und bilden ein Widerlager, wogegen sich das zweite und dritte Bein herausziehen und umgekehrt. Dieser Rhythmus wird beibehalten, und zwar auf beiden Seiten: Während links Bein zwei und drei arbeiten, machen es rechts Bein eins und vier genauso. Besonders die inneren Beine bilden auf diese Weise stets ein sinnvolles Widerlager auf beiden Seiten“ (STERN & KULLMANN 1975). Durch das Herausziehen der Beine und ihre anschließenden Streckbewegungen wird die Unterseite der alten Haut nach oben gedrückt, während die Oberseite noch unter der Spinne liegt. Dadurch reißt die alte Haut am Opisthosoma der Länge nach seitlich auf, wodurch dieses freigelegt wird. Hat die Spinne ihre Beine aus der alten Haut befreit, verharrt sie erst einmal für einige Zeit und ruht sich aus.

Sie hat nun den anstrengendsten Teil der Häutung hinter sich gebracht und kann sich in aller

Der erhöhte Blutdruck im Vorderkörper führt dazu, dass der Carapax abgesprengt wird, sodass sich die Spinne aus der alten Haut herausziehen kann. Foto: T. Ziegler

Ruhe putzen. Danach drückt sie mit den Beinen die Exuvie seitlich von sich weg, wodurch sie ganz frei ist. Nun bleibt sie mit angezogenen Beinen noch mehrere Stunden auf dem Rücken liegen, bis sie sich schließlich wieder umdreht. Die Vogelspinne ist jetzt noch ganz weich, und es dauert mehrere Tage, bis der neue Chitinpanzer an der Luft vollständig ausgehärtet ist. In dieser Zeit läuft das eigentliche Wachstum ab, da sich der weiche Außenpanzer noch dehnen kann. Etwa eine Woche nach der Häutung beginnt die Vogelspinne dann wieder mit der Nahrungsaufnahme und legt erneut an Gewicht zu, bis zur nächsten Häutung.

Wie ich selber schon beobachtete, kann es aber auch vorkommen, dass sich eine Vogelspinne auf dem Bauch liegend häutet. Auch in einem solchen Fall läuft die Häutung nach dem oben beschriebenen Schema ab, nur dass sie dann den Hinterleib aus der alten Haut herausziehen muss, was aber durch die große Gewichts- und Volumenabnahme des Opisthosomas ohnehin kein Problem für die Spinne darstellt.

Während der Häutung sollte man eine Vogelspinne nach Möglichkeit nicht stören, da es sonst zu Häutungsschwierigkeiten kommen könnte. Nur wenn es die Vogelspinne nicht von selbst schafft, sich aus der alten Haut zu befreien, muss man eingreifen und versuchen, die hilflose Spinne behutsam herauszuziehen. Ansonsten würde ein Steckenbleiben der Vogelspinne in ihrer alten Haut unweigerlich den Tod des Tieres bedeuten. Derartige Komplikationen treten aber nur sehr selten auf und deuten auf eine zu trockene Haltung oder auf ein sehr hohes Alter der betroffenen Vogelspinne hin. Sollte es dabei zu Deformationen an den Gliedmaßen kommen, bedeutet das nicht gleich

Nach dem Abstreifen der alten Haut findet das Wachstum statt, da dann das Chitin des Außenpanzers noch weich und dehnbar ist. Foto: T. Ziegler

den Verlust der Spinne. Sie stellen für das Tier kein allzu großes Handicap dar und sind nach den nächsten Häutungen wieder völlig verschwunden.

Vogelspinnen wachsen nicht kontinuierlich, sondern in Wachstumsintervallen, die mit zunehmendem Alter immer größer werden. Natürlich hängen die Abstände zwischen den einzelnen Häutungen von einer ganzen Reihe äußerer Faktoren ab, wie z. B. Temperatur, Luftfeuchtigkeit, Jahreszeit und Nahrungsangebot. Man kann jedoch als Faustregel angeben, dass sich eine junge Vogelspinne immer nach Verdoppelung ihres Körpergewichtes häutet (Schmidt 1993).

In der Regel brauchen Weibchen bis zum Erreichen der Geschlechtsreife 10–11 Häutungen. Männchen wachsen insgesamt etwas schneller und benötigen 1–2 Häutungen weniger. Je nach Art, Geschlecht und Umwelteinflüssen sind Vogelspinnen nach 1,5–7 Jahren adult. Da sich männliche Vogelspinnen nach Erreichen der Geschlechtsreife in aller Regel nicht mehr häuten, findet bei ihnen auch kein weiteres Wachstum mehr statt. Weibliche Vogelspinnen häuten sich noch etwa ein- bis zweimal im Jahr regelmäßig weiter, sodass sie auch nach Erreichen der Geschlechtsreife noch etwas an Größe zulegen. Erst im hohen Alter werden die Abstände zwischen den Häutungen immer länger, und es erfolgt praktisch keine Größenzunahme mehr.

Bei sehr vielen Gattungen sehen die Jungtiere noch völlig anders aus als die adulten Spinnen, sodass man meinen könnte, es handle sich um zwei verschiedene Arten. So weisen die Jungtiere der Gattung *Avicularia* auf dem Opisthosoma einen schwarzen Mittelstreifen mit schwarzen Querbinden auf. Nur bei der Art *Avicularia minatrix* bleibt

Die abgestreifte Haut einer *Theraposa blondii* – bei genauerem Hinsehen erkennt man die ebenfalls aus Chitin bestehende Speiseröhre, derer sich das Tier ebenfalls entledigte. Foto: C. Stehr

dieses Muster bis ins adulte Stadium erhalten, während bei den anderen Spezies dieser Gattung der Hinterleib bei Adulti schwarz gefärbt ist und lange, je nach Art unterschiedlich gefärbte Haare aufweist. Bei der Gattung *Brachypelma* ist die einheitliche Grundfärbung der Jungtiere ein helles Braun. Die Beine sind etwas dunkler, und auf dem Opisthosoma steht ein dunkelbrauner Fleck, die Region der Brennhaare. Unterschiede lassen sich bei den Jungspinnen dieser Gattung kaum feststellen, und man muss schon einige Häutungen abwarten, bis sich die endgültige Färbung der jeweiligen Art abzeichnet.

Die Häutung dient aber nicht nur dem Wachstum, sondern es werden auch neue Strukturen gebildet bzw. vorhandene umgestaltet. Beim Weibchen ist nach der Reifehäutung die Spermathek voll ausgebildet (außer bei den beiden bislang bekannten spermathekenlosen Arten natürlich, s. o.), die in vorangehenden Stadien noch ganz anders aussehen kann. Beim Männchen wird bei der Reifehäutung das letzte Glied der Pedipalpen vollständig zum sekundären Geschlechtsorgan umgestaltet, dem Bulbus, der später bei der Kopulation eine wichtige Rolle spielt. Aber auch verloren gegangene Gliedmaßen, die abgestreiften Brennhaare und abgenutzte Sinneshaare sind nach einer Häutung wieder vollständig regeneriert. Ebenso verschwinden Narben und verpilzte Stellen, die aufgrund von Verletzungen entstanden sind, nach einer Häutung wieder vollkommen. Somit stellt die Häutung eine „Erneuerung" der Spinne dar, bei der selbst die Speiseröhre mitsamt dem angeschlossenen Saugmagen, die Buchlungen und sämtliche anderen chitinösen inneren Strukturen, die mit der Außenwelt in Verbindung stehen, mitgehäutet werden.

Bei diesem Exemplar von *Megaphobema robustum*, das durch Parasitenbefall oder falsche Transportbedingungen schwer bewegungsgestört ist, wurde das linke Vorderbein regeneriert. Foto: K. Kunz & M. App

Regenerationsvermögen

Wie schon im vorangegangenen Kapitel angesprochen, sind Vogelspinnen in der Lage, verloren gegangene Gliedmaßen zu regenerieren. Dabei kann es sich auch durchaus um eine Spinnwarze handeln oder eine Chelizere, die beim Versuch, sich durch harten Boden zu beißen, abgebrochen ist. Selbst drei oder vier Beine werden bei einer Häutung meist vollständig regeneriert. So kann man ein regeneriertes Bein bei einer jungen Vogelspinne manchmal nach nur einer Häutung von den anderen nicht mehr unterscheiden. Wie ich selber beobachten konnte, benötigen erwachsene Tiere dazu meistens 3–4 Häutungen. Das regenerierte Bein wächst dann bei jeder Häutung ein Stück weiter, bis es wieder die normale Länge und Stärke erreicht hat. Die neue Extremität liegt vor der Häutung noch gefaltet unter der alten Haut.

Auch die abgestreiften Brennhaare werden bei der neuen Haut wieder angelegt. Das sieht man, wie bereits erwähnt, daran, dass sich die „Glatze“, also die Region abgestreifter Brennhaare, bei einer bevorstehenden Häutung dunkel färbt, weil die Haut des Opisthosomas unpigmentiert und daher durchsichtig ist, sodass die Brennhaare der darunter liegenden neuen Haut durchschimmern. Vor allem die bodenbewohnenden Arten zeigen mit der Zeit abgenutzte Stellen an den Beingelenken, da dort die Behaarung nach und nach durch den Kontakt mit den Wänden der Wohnhöhle abgeschabt wird. Dabei gehen natürlich auch Sinneshaare verloren, die dann nach einer Häutung wieder vollständig erneuert sind. Insgesamt erstrahlt eine frisch gehäutete Vogelspinne wieder in ihrer gesamten Farbenpracht, da das komplette Haarkleid neu gebildet wurde.

Spermaaufnahme

Nach der Reifehäutung ist das Männchen ausgewachsen und häutet sich in aller Regel nicht mehr. Es hat jetzt noch je nach Art eine maximale Lebenserwartung von einigen Monaten bis maximal zu einigen Jahren. Nach der Reifehäutung ist das Männchen darauf aus, sich zu paaren. Die Geschlechtsöffnung des Männchens liegt wie beim Weibchen an der Unterseite des Opisthosomas. Bei der Paarung überträgt das Männchen das Sperma mit den Emboli, den „Stielchen" seiner Bulben, in die Geschlechtsöffnung des Weibchens. Daher muss das Männchen die beiden Bulben erst einmal mit seinem Sperma auffüllen. Dies läuft meist wie folgt ab: Es spinnt einige Wochen nach der Reifehäutung an geeigneter Stelle, für gewöhnlich im Versteck, ein trapezförmiges Gewebe von z. B. 5 x 8 cm Größe. Unter diesem so genannten Spermanetz lässt es einen Freiraum von etwas mehr als der eigenen Körperhöhe. Nun klettert das Männchen meist rücklings unter das Netz, bis es mit der Geschlechtsöffnung mitten unter dem Spermanetz liegt. In dieser Rückenposition heftet es nun einen Spermatropfen an die Unterseite des Netzes. Danach kriecht es wieder unter dem Netz hervor und klettert darauf, bis es mit den beiden Bulben unter das Spermanetz greifen und mit den Öffnungen der beiden Emboli an den Spermatropfen gelangen kann. Jetzt füllt das Männchen nacheinander die beiden Bulben durch pumpende Bewegungen mit dem Sperma auf. Ist das geschafft, verzehrt es das Spermanetz und kann nun auf Partnersuche gehen. Das muss jedoch nicht sofort der Fall sein, denn die Männchen können das Sperma über einen Zeitraum von mehreren Monaten in den Bulben aufbewahren, ohne dass es an Fruchtbarkeit verliert.

In der Zeit von der Reifehäutung bis zu ihrem Tod fressen die Männchen nur noch wenig – sie widmen sich nun ausgiebig der Partnersuche und Paarung.

Paarung

In gemäßigten Klimaten begeben sich die geschlechtsreifen Männchen im Frühjahr auf Partnersuche. In dieser Zeit sind sie ständig unterwegs und machen nur hin und wieder für einige Tage Rast, um etwas zu fressen und sich zu erholen. Damit das Männchen auch zum Weibchen findet, legen geschlechtsreife Weibchen wahrscheinlich Duftspuren vor ihrem Versteck aus. Aufgrund der geschlechtsspezifischen Pheromone erkennt das Männchen, ob es sich um ein paarungswilliges Weibchen handelt oder nicht. Die Pheromone können wohl vom Männchen aus einer Entfernung von bis zu einem halben Meter wahrgenommen werden (SCHMIDT 1993).

Nun beginnt das Männchen mit der Werbung. Bei dem auch als Balz bezeichneten Paarungsvorspiel hält das Männchen im Laufen inne und fängt an, mit den Pedipalpen und Vorderbeinen auf den Boden zu trommeln. Dieses Verhalten wird in bestimmten Abständen durch kurze, rhythmisch wippende oder zuckende Bewegungen des Körpers unterbrochen. Je mehr sich das Männchen dabei dem Weibchen nähert, desto heftiger wird die Balz. Die Werbung, also das Trommeln mit den Pedipalpen und das Wippen oder Zucken des Körpers, dient den Weibchen dazu, ein paarungsbereites Männchen zu erkennen und von Beute zu unterscheiden. Allerdings scheint die Werbung nicht ganz artspezifisch zu sein, denn auch Kreuzungen sind möglich. In der Regel wird das Weibchen das Männchen bis zum Versteckeingang herankommen lassen. Dieses versucht nun wiederum, das Weibchen aus seinem Versteck hervorzulocken, indem es seine Partnerin mit den Vorderbeinen und Tastern betrillert. Reagiert sie nicht wie erwünscht, werden die Bemühungen des Männchens heftiger. Dabei weicht es von Zeit zu Zeit immer wieder zurück, bis schließlich das Weibchen nach draußen kommt. Nun setzt auch beim Weibchen das Balzverhalten ein, indem es mit den Pedipalpen auf den Boden trommelt und das Männchen seinerseits mit den Vorderbeinen betrillert.

Damit beginnt für das Männchen der gefährlichste Abschnitt der Paarung. Da die Geschlechtsöffnung des Weibchens in der Epigastralfurche an der Unterseite des Opisthosomas zwischen den beiden Buchlungenpaaren liegt, muss

Dieses Männchen von *Pamphobeteus nigricolor* lockt das Weibchen aus der Höhle..., Foto: M. Meinhardt

um es daraufhin mit vorsichtigem Betasten zu beschwichtigen. Foto: M. Meinhardt

Um an die Geschlechtsöffnungen des Weibchen zu gelangen, richtet es das Weibchen vorsichtig auf. Foto: M. Meinhardt

Der Höhepunkt der Paarung bei *Pamphobeteus nigricolor* Foto: M. Meinhardt

das Männchen mit dem Vorderkörper unter das Weibchen kommen, um die beiden Emboli einführen zu können.
Dazu muss das Vogelspinnenmännchen das in aller Regel viel größere und schwerere Weibchen mit den Vorderbeinen hochstemmen. Handelt es sich bei dem Männchen um eine Art mit Apophysen, so werden diese in die oft weit gespreizten Chelizeren des Weibchens eingehakt. Ansonsten schiebt das Männchen die beiden vorderen Beine zwischen die Chelizeren und Pedipalpen des Weibchens, um es auf diese Weise steil nach oben zu drücken. Bei diesem Vorgang handelt es sich für das Männchen um einen Drahtseilakt, da das hochgradig erregte Weibchen zwischen Aggression und Gewährenlassen hin und her schwankt. Es kann durchaus vorkommen, dass das Weibchen in diesem Moment das wehrlose Männchen herunterdrückt und mit den Chelizeren nach ihm schlägt. Das Männchen versucht daher die ganze Zeit, das Weibchen zu besänftigen, indem es dieses mit den Pedipalpen an der Unterseite „streichelt". Dabei ertastet es außerdem noch die weibliche Geschlechtsöffnung. Wenn es diese gefunden hat, führt es im richtigen Moment die beiden Emboli nacheinander ein. Dabei werden durch pumpende Bewegungen der Bulben die beiden Samentaschen des Weibchen mit dem Sperma des Männchens gefüllt. Einzige bislang bekannte Ausnahme sind *Sickius longibulbi* aus Brasilien und *Xenodendrophila gabrieli* aus Tansania: Bei diesen Arten besitzen die Weibchen keine Spermatheken, das Sperma wird daher wahrscheinlich im Lumen des so genannten Uterus internus sowie in den Ovidukten bevorratet. Die Kopulation dauert je nach Art einige Sekunden bis mehrere Minuten. Ist die Übertragung des Spermas beendet, zieht das Männchen die Emboli mit einem Ruck aus der Epigastralfurche heraus und bringt sich in Sicherheit. Der häufig beschriebene Gattenmord kommt eher selten vor. Oft handelt es sich dann um schlecht genährte Weibchen, die im Männchen eine lohnende Beute sehen. In einem solchen Fall dient die Verwendung des Männchens als willkommene Mahlzeit als Garant dafür, dass das Weibchen die Kräfte

Bei diesem Pärchen von *Theraphosa blondii* ist gut zu erkennen, wie das Männchen mit Hilfe der Bulben die beiden Samentaschen des Weibchens mit seinem Sperma füllt.
Foto: M. Meinhardt

zehrende Zeit der Eiablage und Brutpflege unbeschadet übersteht. Bei den meisten Arten trennen sich jedoch beide Geschlechter friedlich voneinander, bei manchen können die Partner sogar noch einige Zeit gemeinsam gepflegt werden.

Bei dem oben beschriebenen Schema handelt es sich um den „Normfall" einer Vogelspinnenpaarung, die tatsächlich jedoch bei jeder Art etwas anders verlaufen wird. Selbst innerhalb einer Art gibt es noch Unterschiede zwischen den einzelnen Paarungen. Aggressionen zwischen den Geschlechtern können im Verlauf einer Paarung durchaus auftreten. Oft kommt es dann gar nicht erst zur Kopulation, da sich die beiden Partner nicht richtig „einig" werden können.

Eiablage und Brutpflege

Einige Wochen bis Monate nach der Paarung beginnt das Weibchen mit der Eiablage. Der Zeitpunkt hängt von verschiedenen Faktoren ab. Bei kleineren Arten kann der Kokonbau schon nach 4–5 Wochen erfolgen, bei größeren dauert es mitunter bis zu einem Jahr, bei *Grammostola rosea* auch schon einmal bis zu zwei Jahren – eine Faustregel gibt es aber nicht. So spielen die Temperatur, die Luftfeuchtigkeit, die Jahreszeit und auch der Ernährungszustand der Vogelspinne eine entscheidende Rolle für das Heranreifen der Eier in den Ovarien des Weibchens. Was letztlich ausschlaggebend für den Kokonbau ist, konnte bis heute noch nicht geklärt werden. Es kommt öfters vor, dass auch unverpaarte Weibchen im Terrarium einen Kokon bauen und ihn nach einiger Zeit wieder auffressen. In diesem Fall müssen optimale Bedingungen vorgeherrscht haben, und man sollte nicht zögern, das Weibchen nach einer Ruhephase und reichlicher Fütterung zu verpaaren. Andererseits kann es passieren, dass man vergebens wartet und ein verpaartes Weibchen keinen Kokon baut, sondern sich einfach wieder häutet. Da auch die Spermathek samt Inhalt mitgehäutet wird, besitzt die Spinne hinterher auch keinen Spermavorrat mehr, mit dem sie die Eier befruchten könnte. Interessanterweise besteht dieses Dilemma bei spermathekenlosen Arten (s. o.) offenbar nicht: Zumindest *Sickius longibulbi* kann auch nach einer Häutung noch befruchtete Eier ablegen. Im Normalfall aber muss man das gehäutete Weibchen erneut verpaaren und eventuell unter anderen klimatischen Bedingungen halten, um so vielleicht einen Kokonbau auszulösen. Manche Arten gelten als im Terrarium nicht ganz einfach vermehrbar, z. B. solche der Gattung *Xenesthis* oder auch *Theraphosa blondii*.

In der ersten Zeit nach der Paarung verhält sich das Weibchen in der Regel zunächst ganz normal. Es kann jedoch sowohl auch passieren, dass es einen riesigen Appetit entwickelt und jeden Tag auf Beute lauert, als auch, dass das genaue Gegenteil auftritt. So hat bei mir ein Weibchen von *Psalmopoeus cambridgei* eine ihm angebotene Totenkopfschabe einfach getötet und aus dem Versteck geworfen. Ein solches Verhalten stellt jedoch eher eine Ausnahme dar. Geht man vom Normalfall aus, so verweigert das Weibchen lediglich kurz vor der Eiablage die Nahrung. Das Opisthosoma hat mittlerweile selbst bei nicht so gut genährten Tieren deutlich an Volumen zugenommen. Nun zieht sich das Weibchen in sein Versteck zurück und spinnt den Eingang zu, um völlig ungestört zu sein. Ein paar Tage später beginnt es dann mit der Eiablage und dem Kokonbau. Dazu wird die Behausung komplett ausgesponnen, sodass eine Art Brutkammer entsteht. Auf dem Boden webt das Tier einen kreisrunden, schüsselförmigen Teppich, auf dem es dann seine Eier ablegt. Kurz vor der Ablage werden die Eier mit dem gespeicherten Sperma in Kontakt gebracht, während sie die beiden Ausführgänge der Spermathek passieren. Die Eier werden in mehreren Lagen übereinander abgesetzt. Zwischen jede Eilage kommt eine dünne Seidenschicht. Sind alle Eier abgelegt, wird die Unterlage von dem restlichen Gewebe der Brutkammer mit den Pedipalpen und Chelizeren abgetrennt, über dem unförmigen Gebilde zusammengeklappt und das Ganze zugesponnen. Nun überzieht die Spinne den noch unvollständigen Kokon mit weiteren watteartigen Gewebeschichten, die als Schutz vor Druck und Umwelteinflüssen dienen sowie für eine gute Belüftung der Eier und gleich bleibende Feuchtigkeitsverhältnisse im Innern des Kokons sorgen. Eine feste Außenschicht vervollständigt den Kokon, der mittlerweile nahezu kugelförmig ist. In diese Außenschicht wird zur Tarnung oft zusätzlich noch loses Material eingearbeitet, Bombardierspinnen versehen sie außerdem noch mit reichlich Brennhaaren, um Feinde abzuwehren und den Kokon von Wasser unbenetzbar zu machen. Der ganze Vorgang findet normalerweise in der Nacht statt und dauert mehrere Stunden. Der Hinterleib ist danach stark eingefallen, weil die herangereiften Eier in den Eierstöcken fast das gesamte Opisthosoma ausgefüllt hatten.

In den nächsten rund 5–16 Wochen, je nach Art und klimatischen Bedingungen, bewacht das Weibchen den Kokon, in dem sich nun die Embryonen langsam entwickeln. Dabei erweisen sich Vo-

Weibliche Vogelspinnen lassen den Kokon nicht mehr aus den Augen und tragen ihn in der Regel ständig mit sich.
Foto: C. Stehr

gelspinnenweibchen als fürsorgliche Mütter. Droht Gefahr, packen sie den Kokon sofort vorsichtig mit den Chelizeren und verteidigen ihn vehement gegen Eindringlinge. Will man dann der Spinne ihren Kokon wegnehmen, führt das meistens zu einem regelrechten Ringkampf, bei dem das Muttertier den Kokon nicht loslässt und, wenn nötig, damit flüchtet. Stimmen die Umweltbedingungen nicht mehr, so bringt die Spinne den Kokon an einen geeigneteren Ort, badet ihn sogar bei Trockenheit und sonnt ihn, wenn es im Versteck zu kalt wird. Damit die Eier im unteren Bereich des Kokons nicht anfangen zu schimmeln oder zerdrückt werden, wendet das Weibchen bei vielen Arten den Kokon regelmäßig. Einige afrikanische Arten hängen ihn sogar auf, um für optimale Verhältnisse zu sorgen. Meistens liegt er jedoch auf dem Boden oder wird in den Chelizeren getragen. Es gibt aber auch Arten, darunter vor allem die der Gattung *Xenesthis*, die dazu neigen, ihren Kokon bei der geringsten Störung oder Verschlechterung der Umweltbedingungen wieder aufzufressen, was eine Nachzucht erschwert. Die meisten Vogelspinnenarten sind aber nicht so empfindlich und nehmen in dieser Zeit – entgegen älteren Ansichten – sogar Nahrung zu sich oder putzen sich in aller Ruhe.

Brutpflege

Es gibt auch Vogelspinnenarten, bei denen das Muttertier die Jungspinnen noch einige Zeit nach dem Schlupf aus dem Kokon mit Nahrung versorgt, indem sie große Beutetiere zerkleinert und den so genannten Spiderlingen vorsetzt (KARL 1998). Bei *Holothele incei* etwa bringt das Muttertier erbeutete Insekten in die Wohnröhre, wo der Nachwuchs sie dann gemeinsam mit der Mutter verzehrt (STRIFFLER & WEINMANN 2003).

Um den Jungspinnen den Schlupf aus dem Kokon zu erleichtern, lockert das Muttertier ihn 1–2 Wochen vorher mit den Chelizeren etwas auf. Die Jungtiere verbringen nun die nächsten zwei Wochen noch bei der Mutter. In dieser Zeit verlassen sie des Öfteren den schützenden Kokon, in den sie sich aber bei Gefahr sofort wieder verkriechen. Sie nehmen noch keine Nahrung zu sich, sondern leben vom Dotter, der in ihrem Opisthosoma gespeichert ist. Nach der ersten Häutung außerhalb des Kokons sind sie in der Lage, erstmals Nahrung zu erbeuten. Jetzt verlassen sie ihre Mutter und gehen ihre eigenen Wege, womit die Brutpflege in der Regel beendet ist.

Die Zahl der Eier schwankt je nach Art etwa zwischen 30 und 2000. Bei der brasilianischen *Lasiodora parahybana* sollen sogar schon ca. 3500 Jungtiere geschlüpft sein (Klaas 1997). Im Schnitt liegt die Eizahl aber wohl bei 100–150. Bei den meisten Arten der Gattungen *Acanthoscurria*, *Grammostola*, *Brachypelma* und *Lasiodora* schlüpfen durchschnittlich 500–600 Jungtiere aus einem Kokon, die dann allerdings noch sehr klein sind und recht langsam wachsen, wenn ihr Stoffwechsel nicht durch sehr hohe Temperaturen beschleunigt wird. In freier Wildbahn schwankt die Zahl der Nachkommen bei den Tieren einer Art von Jahr zu Jahr teilweise erheblich, was auf den unterschiedlichen Ernährungszustand des Muttertieres und wechselnde Witterungseinflüsse zurückzuführen ist. Da im Terrarium konstantere Bedingungen herrschen, variiert hier die Zahl der Nachkommen natürlich nicht so stark

Entwicklung der Eier

Nun aber noch einmal zurück in die Zeit vor dem Schlupf der Jungen: In den gelblichen Eiern, die prall mit Dotter gefüllt sind, beginnen sich innerhalb der ersten 2–6 Wochen die Embryonen zu entwickeln. Ist diese erste Entwicklungsphase abgeschlossen, schlüpfen aus den Eiern die so genannten Prälarven. Da die nur wenige Millimeter messenden Tierchen beim Schlupf aus dem Ei auch ihre Embryonalhaut verlassen, spricht man oft von der ersten Häutung. Die blassgelben Prälarven sind jetzt noch fast bewegungsunfähig, haben nur Stummelbeine und einen überdimensionierten Hinterleib, der mit Dotter gefüllt ist. In den nächsten Wochen häuten sie sich ein zweites Mal im Kokon. Nun sehen sie einer „normalen“ Vogelspinne schon recht ähnlich und werden Larven genannt. Die Beine sind deutlich gegliedert, die Chelizeren gut erkenn-

Da schlägt das Terrarianerherz höher: Die Nachzucht ist gelungen! Jedoch steht noch die arbeitsintensive Aufzucht an. Foto: M. Meinhardt

Die Häutungsintervalle (hier *Acanthoscurria geniculata*) erfolgen anfangs in kürzeren Abständen. Es ist erstaunlich, wie schnell Größe und Körpermasse in dieser Zeit zunehmen und wie sich der Umfärbungsprozess vollzieht. Foto: C. Stehr

bar, und auch der Augenhügel ist schon als schwarzer Punkt gut zu sehen. Kurz vor dem Verlassen des Kokons oder kurz danach häuten sich die Tiere ein weiteres Mal, diesmal ins erste Nymphenstadium. Nun besitzen sie schon ihre vollständige Behaarung, Spinndrüsen und Verdauungsapparat sind voll funktionstüchtig. Meist unterstützt das Muttertier die Jungen beim Verlassen des Kokons, indem es ihn mit den Chelizeren etwas öffnet.

Die Jungspinnen, auch Spiderlinge genannt, fangen spätestens nun an, selbstständig Nahrung zu sich zu nehmen – die Jungtiere einiger Arten fressen bereits im Kokon so genannte Nähreier (z. B. *Brachypelma klaasi*). Jetzt verlassen sie in aller Regel den Schutz der Mutter und führen ihr eigenes Leben, in dessen Verlauf sie sich stetig weiter häuten, bis sie schließlich mit der Reifehäutung das Nymphenstadium verlassen und als geschlechtsreife Tiere nun Adulti (Singular: Adultus) genannt werden. Im letzten Nymphenstadium vor der Reifehäutung bezeichnet man die Spinnen als subadult.

Ein Vogelspinnen-Leben

Der Lebenszyklus einer Vogelspinne lässt sich also zusammenfassend mit einigen Sätzen kurz beschreiben: Er beginnt mit dem Ei im Kokon, in dem sich das Tier entwickelt, bis es als Prälarve schlüpft. Diese häutet sich zur Larve und dann zur Nymphe, die schließlich den schützenden Kokon verlässt. Innerhalb der nächsten Jahre wächst die Vogelspinne heran, sie frisst und sie häutet sich, um zu wachsen. Nach Erreichen der Geschlechtsreife paart sie sich und sorgt somit für Nachwuchs. Männchen leben dann nur noch relativ kurze Zeit, in der sie sich mit möglichst vielen Weibchen paaren, während Weibchen einige Jahre länger leben und sich weiterhin häuten. Sie verpaaren sich dann jedes Jahr aufs Neue mit einem oder mehreren Männchen und bauen einen oder zwei Kokons, bis sie irgendwann an Altersschwäche sterben.

Nach Schmidt (1993) machen Vogelspinnen im ersten Lebensjahr 6–8, im zweiten 2–4 und im dritten und vierten 1–2 Häutungen durch, bis sie schließlich die Geschlechtsreife erreichen. Natürlich sind das nur Durchschnittswerte, da es Arten gibt, die je nach Umwelt- bzw. Terrarienbedingungen schon nach sieben Monaten adult sind (z. B. *Holothele incei*) und solche, die dafür unter Normalbedingungen über sechs Jahre brauchen. Männchen häuten sich dann, wie schon gesagt, in aller Regel nicht mehr, während Weibchen meist jedes Jahr 1–2 Häutungen durchlaufen. Im hohen Alter werden dann die Abstände zwischen den einzelnen Häutungen immer größer.

Betrachtet man den Lebenszyklus einer adulten Vogelspinne im Verlauf eines Jahres, fällt auf, dass er vor allem in gemäßigten Breiten von den Jahreszeiten abhängig ist. Zum Frühjahr hin begeben sich die Männchen auf Partnersuche. Kokonbau und Schlupf der Jungtiere fallen dann auf die Sommermonate, in denen das Nahrungsangebot besonders hoch ist. Damit ist gewährleistet, dass möglichst viele Jungtiere die ersten Lebensmonate gut überstehen. Nach dem Kokonbau häutet sich das Weibchen, frisst sich möglichst viele Reserven an, um die Fastenperiode in den Wintermonaten zu überstehen, und der ganze Zyklus beginnt im nächsten Frühjahr erneut. In den Tropen gibt es natürlich keinen Winter wie beispielsweise im mittleren und nördlichen Nordamerika – hier sind oft Regen- und Trockenzeiten ausschlaggebend für den Jahresrhythmus einer Vogelspinne. Paarungszeit und Kokonbau sowie der Schlupf der Jungspinnen fallen dann in die Regenzeit, in der das Nahrungsangebot besonders hoch ist.

Bei dieser Schilderung handelt es sich natürlich nur um ein Schema, und Vogelspinnen sind durchaus in der Lage, unter besonderen klimatischen Umständen davon abzuweichen und beispielsweise den Kokonbau längere Zeit hinauszuzögern, bis die Umweltbedingungen dafür optimal sind.

Alter und Tod

Die Weibchen vieler Vogelspinnenarten erreichen ein durchschnittliches Alter von 15 Jahren. Langsam wachsende Arten, wie z. B. *Brachypelma emilia* oder *Grammostola grossa*, können sogar über 20 Jahre alt werden. Den Rekord hält ein Weibchen von *Brachypelma emilia*, das im Terrarium 35 Jahre alt geworden sein soll (SCHULTZ & SCHULTZ 1998). Männchen leben, wie bereits erwähnt, nach der Reifehäutung, die je nach Art nach rund 1,5–5 Jahren erreicht wird, nur noch einige Monate bis Jahre weiter.

Das hohe Alter vieler Arten resultiert u. a. aus der „sparsamen" Lebensweise der Vogelspinnen. Es sind größtenteils sesshafte Tiere, die die meiste „aktive" Zeit damit verbringen, am Versteckeingang auf Beute zu lauern. Nur wenige Arten sind aktive Jäger, die regelmäßig auf Beutesuche gehen. In freier Wildbahn erbeutet eine Vogelspinne manchmal nicht mehr als 5–6 mittelgroße Beutetiere im Monat (SCHULTZ & SCHULTZ 1998), dagegen oft sehr viele kleine. Aufgrund der Tatsache, dass Vogelspinnen wechselwarme (poikilotherme) Tiere sind und darum keine Energie in die Aufrechterhaltung ihrer Körperwärme investieren müssen, führen sie eine sehr genügsame Lebensweise – ihre Stoffwechselrate liegt sehr niedrig. Eine Maus mit der gleichen Körpermasse (eine adulte Vogelspinne wiegt durchschnittlich etwa 50 g) hat z. B. eine zwölfmal höhere Stoffwechselrate (SCHULTZ & SCHULTZ 1998).

Im Gegensatz zu vielen anderen wechselwarmen Tieren sind Vogelspinnen aber nur sehr bedingt in der Lage, ihre Körpertemperatur durch einen Wechsel des Aufenthaltsortes zu regeln, beispielsweise durch einen Ortswechsel innerhalb der Wohnhöhle – dort ist die Temperatur relativ konstant. Aber: Dass Vogelspinnen als überwiegende Thermokonformer (d. h., sie nehmen weitgehend die Umgebungstemperatur an) auch kaum Energie in thermoregulatorisches Verhalten investieren, senkt ihre Stoffwechselrate noch weiter. Vergleicht man beispielsweise die Stoffwechselrate einer Echse (recht aktiv, zeigt ausgeprägtes thermoregulatorisches Verhalten) mit der einer gleich schweren Vogelspinne (relativ inaktiv, kaum thermoregulatorisches Verhalten), so liegt diese bei der Eidechse dreimal höher (SCHULTZ & SCHULTZ 1998).

In freier Wildbahn erreicht kaum eine Vogelspinne ihr Höchstalter. Die meisten Tiere aus einem Kokon schaffen es nicht einmal bis zur Ge-

Altes Exemplar von *Theraphosa blondii* mit abgewetzter Behaarung. Foto: K. Kunz & M. App

schlechtsreife. Wenn sie nicht schon von ihren Geschwistern erbeutet wurden, so werden sie wahrscheinlich recht bald Opfer einer Echse, eines Vogels, eines Kleinsäugers oder eines Raubinsektes bzw. von Parasitoiden oder Krankheiten. Auch größere Artgenossen stellen ihnen nach, sodass von einem Kokon mit 500 Jungtieren nur vielleicht etwa zehn Männchen und Weibchen die Geschlechtsreife erreichen. Während die adulten, verborgen lebenden Weibchen nun außer Parasitoiden kaum noch natürliche Feinde haben, geht der Spießrutenlauf für die Männchen weiter. Auf der Suche nach einem paarungsbereiten Weibchen sind sie weiteren Gefahren durch Fressfeinde ausgesetzt. Sehr alte Männchen sind oft nicht mehr in der Lage, das Weibchen bei der Balz in Paarungsstimmung zu versetzen und enden als willkommene Beute in den Fängen der vermeintlichen Partnerin.

Wie schon mehrfach erwähnt, werden mit zunehmenden Alter beim adulten Weibchen die Häutungsintervalle immer länger. Verloren gegangene Gliedmaßen und abgestreifte Brennhaare werden nun nicht mehr vollständig regeneriert. Das nahende Lebensende kündigt sich dadurch an, dass sich die Vogelspinne nicht mehr so gründlich putzt wie gewohnt. Am After bilden sich durch den Kot verpilzte Stellen. Meistens fressen die Tiere kaum noch oder laufen mit Beute zwischen den Chelizeren herum, können diese aber nicht mehr verzehren, da ihre Mundwerkzeuge abgenutzt oder verkümmert sind. Der Hinterleib schrumpft trotz ausreichenden Wasserangebots zunehmend, und es bilden sich erste Falten. Kurz vor dem Tod liegt das Tier dann völlig apathisch mit weit ausgestreckten Beinen auf dem Boden. Schließlich stirbt die Vogelspinne mit unter dem Körper zusammengezogenen Beinen den Alterstod, wenn sie nicht zuvor euthanasiert wird.

Verletzungen, Krankheiten und natürliche Feinde

Vogelspinnen sind in der Lage, ihre Beine bei Gefahr abzuwerfen, um so einem Fressfeind, z. B. einem Vogel, zu entkommen. Dazu besitzen sie am Gelenk zwischen Coxa und Trochanter eine so genannte Sollbruchstelle, an der sich eine Membran befindet, durch die nur Muskeln und Nerven hindurchgehen. Wird ein Bein von der Spinne abgeworfen, so schließt sich diese Membran an der Sollbruchstelle sehr schnell, und die entstandene Wunde heilt rasch ab. Schlimmer sieht es für das Tier aus, wenn ein Bein an einer anderen Stelle bricht oder abreißt. Da Spinnen einen offenen Blutkreislauf haben, schließt sich die entstandene Wunde nur langsam, und die Spinne verliert dabei viel Hämolymphe. Wenn ein Bein durch einen Unfall verletzt wird und nicht an der Sollbruchstelle abfällt, kann man nachhelfen, indem man einen Faden um das Bein bindet und vorsichtig daran zieht, bis die Spinne ihr verletztes Bein von alleine abwirft. Bei aggressiven Tieren fixiert man das Bein besser mit einer langstieligen Pinzette. In der Regel ist eine solche Behandlung jedoch nicht nötig.

Normalerweise erholen sich Vogelspinnen von kleineren Verletzungen dennoch rasch, sodass von ihnen keine unmittelbare Gefahr für das Tier ausgeht. Gefährlich sind dagegen größere Verletzungen des Hinterleibes, wie sie oft durch einen Sturz entstehen. Da die Haut am Opisthosoma sehr dünn ist, platzt dieses beim Aufprall am Boden auf. Solche Wunden sind meistens sehr groß und verheilen nur schlecht, sodass die Spinne daran verbluten kann. In Menschenhand können solche Wunden gut mit Mehl behandelt werden, das man einfach auf die verletzte Stelle streut. Dadurch wird die Körperflüssigkeit der Spinne rasch gebunden, und die Wunde kann austrocknen. Überschüssiges Mehl kann man hinterher mit einem Pinsel vorsichtig entfernen. Oft wird empfohlen, große Wunden mit Wundverbandspray einzusprühen. Ich rate jedoch von dieser Methode ab, da hierbei schädliche Stoffe von der Vogelspinne durch die Hämolymphe aufgenommen werden können, was dann eventuell zu einer Vergiftung des Tieres führt. Verletzungen können bei zu feuchter Haltung schnell verpilzen. Dann empfiehlt sich ein Umsetzen der Vogelspinne in ein trockeneres Terrarium. Zusätzlich kann man die verpilzte Stelle mit Alkohol aus der Apotheke behandeln, indem man diesen vorsichtig mit einem Pinsel auf die betroffene Stelle aufträgt und die Wunde damit reinigt. Dabei darf man den Alkohol allerdings weder zu nahe am Mundbereich noch in der Region der Stigmen der Buchlungen anwenden, um Vergiftungen zu vermeiden. Normalerweise verschwindet der Pilz nach einigen Behandlungen oder mit der nächsten Häutung vollständig. Wichtig ist nur, das man solche Stellen rechtzeitig erkennt und geeignete Maßnahmen einleitet. Wenn der Pilz erst einmal in den Körper der Vogelspinne gewachsen ist, kommt oft jede Hilfe zu spät, verordnet ein mit Wirbellosen erfahrener Veterinär nicht ein geeignetes Fungizid.

Gegen einen Befall mit Bakterien oder Viren ist man leider meist ziemlich machtlos. Oft sind solche Erkrankungen das Resultat einer zu feuchten oder unhygienischen Haltung. Die Spinne stellt dann meistens die Nahrungsaufnahme ein und vegetiert vor sich hin. Bei Bombardierspinnen mit einer Glatze kann man dunkel verfärbte Stellen unter der Haut des Opisthosomas erkennen. Diese werden mit der Zeit größer, und der Hinterleib wirkt glasig aufgedunsen. Zum Schluss verendet die Spinne mit unter dem Körper zusammengezogenen Beinen. Offensichtlich nicht mehr zu rettende Tiere sollten im Gefrierfach abgetötet werden, um ihre Leiden zu verkürzen. Verendete Exemplare konserviert man am besten in 70-prozentigem Alkohol, in dem man sie auch aufbewahrt. Der Alkohol kann über den Fachhandel oder über die Apotheke bezogen werden.

Da bisher noch wenig über Erkrankungen wie die oben genannten bekannt ist, sollte man unbedingt den zeitlichen Verlauf der Erkrankung, das Krankheitsbild und das Verhalten der betroffenen Vogelspinne dokumentieren.

Neben Fressfeinden wie Kleinsäugern, Vögeln, Reptilien und Amphibien oder anderen Spinnen gibt es eine ganze Reihe von Parasiten und Parasitoiden, die einer Vogelspinne gefährlich werden

Nasenbären stöbern auch nach Vogelspinnen, die sie vor dem Verzehr geschickt herumrollen und so viele lästige Brennhaare abstreifen. Foto: K. Kunz

können. Milben zählen allerdings wohl eher nicht dazu, sie sind eine sekundäre Erscheinung und versuchen, bei geschwächten oder toten Tieren in Körperöffnungen einzudringen. Ein Milbenbefall entsteht vor allem bei zu feuchter Haltung und wenn Futterreste nicht rechtzeitig entfernt worden sind. Milben finden sich oft im Mundbereich an oder zwischen den Chelizeren. Eine befallene Spinne sollte man in ein gesäubertes Terrarium umsetzen und eine Zeit lang möglichst trocken halten. Die Milben gehen dann von selbst zurück, da sie auf Feuchtigkeit angewiesen sind. Sie ver-

Um die Gesunderhaltung zu gewährleisten, ist eine regelmäßige Kontrolle notwendig (hier *Avicularia avicularia*).
Foto: C. Stehr

tragen eine längere Trockenperiode von 2–3 Wochen nicht, wohingegen Vogelspinnen, sofern ein Wassernapf vorhanden ist, diese unbeschadet überstehen. Außer im Bereich der Mundwerkzeuge und der Stigmen kann man die Milben auch mit Alkohol betupfen und somit abtöten.

Eine Vogelspinne kann auch von Würmern, etwa Nematoden, befallen sein. Leider lässt sich gegen einen Nematoden-Befall nicht viel ausrichten, da noch kein wirksames Mittel dagegen für Spinnen auf dem Markt ist. Da man in das Tier nicht hineinsehen kann, wird man den Wurmbefall ohnehin meist z. B. erst dann bemerken, wenn der Hinterleib einfällt. Dann ist die Spinne allerdings schon tödlich geschädigt.

Parasitoide der ganz besonderen Art sind die Kugelfliegen der Familie Acroceridae. Die meisten der weltweit etwa 520 Arten kommen in Südamerika und Asien vor. Einige wenige bis 0,5 cm große Vertreter sind aber auch in Europa beheimatet. Es handelt sich um kleine, gedrungene Fliegen, die je nach Art bis zu 5000 birnenförmige Eier beispielsweise am Boden ablegen. Nachdem die Larven geschlüpft sind, warten diese an exponierter Stelle auf vorbeilaufende Spinnen und heften sich an diese an. Anschließend durchbohren sie die Opisthosoma-Haut des Wirtes und setzen sich in dessen Buchlungen fest, wo sie sich mit Sauerstoff versorgen. Nun fressen sie den Hinterleib der Spinne nach und nach leer, wobei lebenswichtige Organe bis zuletzt verschont werden. Nachdem sich die Fliegenmade in der Erde verpuppt hat, schlüpft zwei Wochen später daraus die fertige Kugelfliege. Da sich eine mit Kugelfliegenmaden befallene Vogelspinne bis kurz vor ihrem Tod völlig normal verhält und auch sonst keine äußeren Anzeichen für den Befall zu erkennen sind, wird man ihn erst feststellen können, wenn es bereits zu spät ist. Etwa eine Woche vor dem Tod zieht die Spinne die Beine unter den Körper zusammen, und erst kurz vor ihrem Verenden fällt der nun völlig leere Hinterleib ein, aus dem dann die Larve der Kugelfliege kriecht.

Weitere Parasitoide sind die großen Wegwespen der Familie Pompilidae mit den Gattungen *Pepsis*, *Hemipepsis* und *Notocyphus*. Mit einer Körperlänge von bis zu 8 cm und einer Flügelspannweite von bis zu 10 cm gehören sie zu den größten Hautflüglern überhaupt.

In der Fortpflanzungsperiode der jeweiligen Spezies sucht ein befruchtetes Wegwespenweibchen die Verstecke der weiblichen Vogelspinnen auf. Am Versteckeingang trommelt es dann mit den Beinen auf den Boden und imitiert so ein Männchen. Wenn das ahnungslose Weibchen aus dem Versteck herauskommt, versucht die Wegwespe, die Vogelspinne durch einen gezielten Stich in eine weiche Stelle zu lähmen. Bei diesem Kampf auf Leben und Tod gewinnt meistens die Wegwespe, da sie durch ihren schmalen Körperbau wendiger als die Vogelspinne ist. Es kann aber auch sein, dass die gebissene Wegwespe den Kampf aufgibt und das Weite sucht. Ist die Spinne erst einmal durch einen Stich gelähmt, zerrt die Wespe ihr wehrloses Opfer in einen Schacht, heftet ein oder mehrere Eier an ihren Körper und verschließt den Eingang mit Erde. Die aus den Eiern schlüpfenden Maden fressen sich nun in den Spinnenkörper hinein und verzehren im Laufe von mehreren Wochen die noch lebende Spinne von innen, wobei lebenswichtige Organe erst zuletzt aufgefressen werden. Nachdem die Vogelspinne gestorben ist, verpuppen sich die Larven außerhalb in ihrer Brutkammer. Zwei Wochen später schlüpft aus der Puppe die fertige Wegwespe.

Ob die häufiger an Vogelspinnen in Terrarienbeständen zu beobachtenden Buckelfliegen (Phoridae) ihren Wirten tatsächlich schaden, ist eher zweifelhaft. Es handelt sich wohl eher um Kommensalen, die lediglich Beutereste verzehren. Klaas (2003) vermutet allerdings, diese Fliegen seien für die Verbreitung von Nematoden verantwortlich.

Quarantäne

Besitzt man bereits mehrere Vogelspinnen, so müssen Neuzugänge unbedingt etwa für vier Wochen in leicht zu reinigenden und übersichtlichen Quarantäneterrarien untergebracht werden, die sich am besten nicht im selben Raum wie die Becken der übrigen Spinnen befinden. Die Quarantäneterrarien müssen alle grundlegenden Ansprüche der Tiere in Bezug auf Temperatur, Luft- und Bodenfeuchte, Versteckmöglichkeiten etc. erfüllen. Auch kranke oder von Parasiten befallene Tiere isoliert man schnellstens.

2. Praktischer Teil

Vor dem Kauf

Bevor Sie sich Vogelspinnen anschaffen, sollten Sie sicherstellen,
- **dass Ihre Familie oder andere Mitbewohner damit einverstanden sind,**
- **dass es kein Hindernis seitens des Vermieters bzw. im Fall einer Eigentumswohnung durch die so genannte Wohlverhaltensklausel (§ 15 des Wohnungseigentumsgesetzes) gibt,**
- **dass Sie die Tiere artgerecht und ausbruchssicher unterbringen und versorgen, also auch die nötige Zeit aufbringen können,**
- **dass es für Sie und Ihre Familie oder Mitbewohner kein mentales Problem darstellt, lebende Tiere zu verfüttern und diese eventuell auch zu hältern oder zu züchten (Geruchsbelästigung!),**
- **dass Sie einer vertrauenswürdigen Person die Urlaubsbetreuung Ihrer Tiere anvertrauen können,**
- **dass weder bei Ihnen noch bei Ihrer Familie oder Mitbewohnern Allergien gegen das Spinnengift oder die Brennhaare neuweltlicher Arten vorliegen.**

Das richtige Terrarium

Haben Sie sich dazu entschlossen, eine oder mehrere Vogelspinnen zu erwerben, sollten Sie sich zuerst überlegen, ob Sie eine baum- oder eine bodenbewohnende Art pflegen möchten, da beide Gruppen unterschiedliche Ansprüche an den Terrarientyp stellen. Im Normalfall wird man eine „Wunschart" im Blick haben und sich dann über ihre Haltungsbedingungen kundig machen müssen. Auch sollte man sich darüber im Klaren sein, wie groß die Vogelspinnenart werden kann, die man sich anschaffen möchte, und zu guter Letzt darüber, ob es sich zunächst um ein Jungtier oder gleich um ein größeres Exemplar handeln soll. Die Terrarienmaße richten sich natürlich nach der Größe der Vogelspinne, die nachher darin leben soll – Jungtiere können in recht kleinen Behältern untergebracht werden. Es muss jedoch sichergestellt sein, dass man auch dem ausgewachsenen Tier noch ein ausreichend großes Becken anbieten kann, was allerdings meist kein Problem darstellt, wenn nicht eine große Zahl an Vogelspinnen gehalten werden soll.

Als erste Faustregel gilt, dass das Terrarium für Baumbewohner deutlich höher sein sollte als die Ausmaße der Grundfläche, da diese Arten sehr viel klettern. Bodenbewohnern sollte man mehr Grundfläche bieten. Auch bodenbewohnende Arten klettern jedoch zuweilen die Seitenscheiben des Terrariums empor. Fallen sie dann aus „luftiger Höhe" auf einen spitzen oder harten Gegenstand am Boden, können sie sich lebensgefährliche Verletzungen zuziehen. Das wird besonders dann für die Vogelspinne gefährlich, wenn sie vollgefressen ist und der Hinterleib aufplatzt. In diesem Fall kommt meistens jede Hilfe zu spät, da das Tier an der großen Verletzung verblutet. Daher sollte man bei Bodenbewohnern die Höhe nicht zu reichlich wählen – 30 cm genügen vollauf.

Die zweite Faustregel ist, dass das Terrarium mit der Vogelspinne wachsen sollte. Das heißt nichts anderes, als dass für einen Spiderling (eine ganz junge Spinne) eine Heimchendose oder sogar noch kleinere Behälter völlig ausreichen. Dort haben sie es sogar leichter, ihre Beute zu finden, als in einem zu großen Terrarium. Andererseits sollte man ein schon etwas gewachsenes Tier nicht mehr in einer Heimchendose unterbringen, da es dann in der Bewegungsfreiheit stark eingeschränkt wäre. Außerdem könnte das Tier eventuell nicht ausreichend Platz für eine Häutung finden, sodass es in der alten Haut stecken bleiben würde. Hält man Vogelspinnen in zu kleinen Becken, kommt man außerdem erst gar nicht in den Genuss der Beobachtung ihrer vollen Aktivität: Die Tiere vegetieren vor sich hin, wollen nicht so recht ans Futter gehen und sterben dann plötzlich einen „rätselhaften" Tod.

Der richtige Standort

Stellen Sie Vogelspinnenterrarien immer so auf, dass sie niemals direkter Sonneneinstrahlung ausgesetzt sind – die Temperaturen würden sonst schnell auf für die Spinne tödliche Werte steigen. Durch das Aufstellen des Terrariums auf einem höheren oder niedrigeren Fachboden kann man übrigens auch in gleichmäßig beheizten Räumen unterschiedliche Temperaturzonen nutzen.

Wenn ein Spiderling aus der Heimchendose herausgewachsen ist, kann man die Vogelspinne in eine passende Haushaltsdose aus Plastik umsetzen,

Bei baumbewohnenden Vogelspinnen empfiehlt sich das Verwenden höherer Terrarien. Foto: C. Stehr

in die man entsprechende Belüftungslöcher bohrt. Diese Boxen gibt es in mehreren verschiedenen Größen, und sie lassen sich hervorragend im Regal übereinander stapeln, sodass sie nicht allzu viel Platz wegnehmen. Etwas kostspieliger in der Anschaffung sind so genannte Transportterrarien („Faunaboxen"), die sich ebenfalls sehr gut im Regal übereinander stapeln lassen und den großen Vorteil bieten, im Deckel eine kleine Klappe zum Versorgen der Vogelspinnen zu besitzen.

Spätestens mit Erreichen der Geschlechtsreife sollte man die Spinne in ihr endgültiges Zuhause umsiedeln. Hier haben sich Terrarien aus Glas bestens bewährt, nicht nur aus optischen Gründen, sondern vor allem wegen der leichten Handhabung. Bei Terrarien bis 30 cm Breite empfiehlt es sich, eines mit einer Falltürscheibe zu nehmen, die man bei Pflegearbeiten einfach nach oben wegzieht. Kommt die Vogelspinne nach vorne, so kann man das Terrarium wieder mit der Scheibe verschließen, wobei man selbstverständlich darauf achten muss, die Spinne nicht zu verletzen. Außerdem können die Spinnen so die Scheibe nicht seitlich wegdrücken, um eventuell auszubrechen. Bei breiteren Terrarien haben sich zwei versetzte Schiebescheiben bestens bewährt. Diese lassen sich gut mit einem Terrarienschloss gegen Ausbruchsversuche der Bewohnerin absichern.

Transportterrarien gibt es in mehreren Größen und verschiedenen Ausführungen. Sie lassen sich gut als Aufzuchtbecken für junge Vogelspinnen verwenden und können, wenn sie nicht mehr benötigt werden, gut und Platz sparend ineinander gestapelt werden. Foto: M. Meinhardt

Indem man Terrarien höher oder niedriger platziert, kann man unterschiedliche Temperaturbereiche nutzen und so im selben Raum diverse Mikroklimata anbieten, selbst wenn außer der Raumheizung keine weiteren Wärmequellen installiert sind. Foto: K. Kunz & R. Uhl

Dass dies wirklich nötig werden kann, zeigt folgende Erfahrung: Mein großes Weibchen der Art *Xenesthis immanis* schob in der Nacht eine ungesicherte Scheibe ihres Terrariums beiseite und ging in meiner Wohnung auf „Wanderschaft". Ich fand es dann am nächsten Morgen an meiner Balkontür, an der das Tier emporkletterte. Seitdem ist das Terrarium mit einem Terrarienschloss abgesichert...

Eigene Sicherheitshinweise

- Kleinkinder dürfen niemals unbeaufsichtigt Zugang zu den Terrarien bekommen bzw. alleine im Terrarienzimmer bleiben.
- Bedenken Sie, dass die Brennhaare neuweltlicher Vogelspinnen besonders bei Allergikern schwere Reizungen auslösen können. Haben Sie Allergiker in der Familie, sollten die Spinnen nach Möglichkeit in einem separaten Raum gehalten werden, oder man muss sich zur Haltung anderer Arten entschließen. Bei Reinigungsarbeiten im Terrarium von Arten mit Brennhaaren kann es nützlich sein, zuvor zu sprühen, damit diese nicht aufwirbeln, und eventuell Handschuhe zu tragen.
- Stellen Sie sicher, dass weder einzelne Terrarien noch ganze Terrarienregale (die oft ein beträchtliches Gewicht tragen!) heraus- bzw. umfallen können.
- Alle elektrischen Geräte müssen die entsprechenden Prüfsiegel tragen. Besonders in feuchten Terrarienräumen sollten Sie elektrische Installationen im Zweifel vom Fachmann durchführen lassen.
- Im Sinne der Hygiene sollten Sie sich nach jedem Kontakt mit Tieren, Behältern und Zubehör die Hände waschen.
- Halten Sie noch andere Haustiere, so müssen Sie bei der Bekämpfung von Parasiten bedenken, dass flüchtige Insektizide auch die Spinnen töten können. Das Rauchen sollte zumindest im Spinnenzimmer unterbleiben, besser noch in der gesamten Wohnung.

Für kleine bodenbewohnende Arten bis 4 cm Körpergröße verwende ich Terrarien mit den Ausmaßen 20 x 20 x 30 cm (B x H x T). Entsprechend geräumiger, nämlich mindestens 25 x 25 x 30 cm (B x H x T), sind die Becken für mittelgroße Arten bis 7 cm Körpergröße. Sollte es sich jedoch um eine sehr aktive Vogelspinnenart mit der genannten maximalen Körperlänge handeln, so ist anzuraten, die Grundfläche des Beckens größer zu wählen. Bei Arten mit bis zu 10 cm Körperlänge sind die Terrarien dann schon 40 cm breit, bei gleicher Höhe und Tiefe. Die größten Arten, z. B. *Theraphosa blondii*, pflege ich in Terrarien mit den Kantenlängen 60 x 30 x 30 cm. Entsprechend der Grabaktivität der jeweiligen Art sollte dem Bodengrund eine Höhe von 5–20 cm oder mehr eingeräumt werden. Natürlich sollten, wie schon gesagt, die angegebenen Terrarienmaße der Aktivität und den Bedürfnissen der jeweiligen Art angepasst sein.

Bei den afrikanischen und asiatischen Vogelspinnen etwa gibt es einige Gattungen mit sehr stark grabenden Arten. Die Arten der afrikanischen Gattungen *Hysterocrates* und *Citharischius* sowie die Vertreter der asiatischen Gattungen *Haplopelma* und *Lampropelma* etwa sind spezialisierte Röhrenbewohner, die z. T. Baue von bis zu 2 m Tiefe anlegen (PETERS 2000). Um den Ansprüchen solcher Tiere wenigstens einigermaßen gerecht zu werden, verwendet man Terrarien, in die man mindestens 15 cm Bodengrund einfüllen kann. Das Becken muss dann nicht so breit sein, aber dafür etwas mehr in die Tiefe gehen. Besonders geeignet für solche Röhrenbewohner sind auch umgerüstete Haushaltsdosen oder spezielle Glasbecken, auf die man für solche Spezialisten unbedingt zurückgreifen sollte (VON WIRTH & HUBER 2002, 2003). Eine Sonderform des Terrariums für *Brachypelma*-Arten, die sich sicherlich auch für ökologisch ähnliche Arten abwandeln lässt, beschreiben STRIFFLER & GRAMINSKE (2003).

Für Baumbewohner müssen die Terrarien entsprechend höher sein. Ein Individuum einer Art mit einer Körpergröße von bis zu 6 cm sollte man in einem Terrarium mit den Ausmaßen 25 x 30 x 30 cm (B x H x T) unterbringen. Bei größeren Arten muss die Beckenhöhe dann schon 40 cm und mehr betragen. Besonders bei den Arten der Gattungen *Avicularia* und speziell *Poecilotheria* fand man heraus, dass einige Arten in freier Wildbahn lockere Kolonien bilden, sodass teilweise mehrere Exemplare im gleichen Versteck leben (CHARPENTIER 1996). *Avicularia minatrix*, eine 4 cm große Art aus Venezuela, kann man in einem Becken von 50 x 50 x 50 cm problemlos zu mehreren zusammen halten. Dazu bepflanzt man das Terrarium mit einigen Bromelien, dem natürlichen Lebensraum dieser Art entsprechend (SAAGER 1991), und stellt noch ein paar Kletteräste hinein. Bei ausreichend Versteckmöglichkeiten und Futterangebot sucht sich dann jedes Tier ein eigenes Versteck, und es kommt zu keinen Komplikationen. Bei *Poecilotheria ornata*, einer bis zu 8 cm groß werdenden Art aus Sri Lanka, leben die einzelnen Tiere sogar zu mehreren in einem Versteck. Außerdem wurde beobachtet, dass Geschwistertiere gemeinsam größere Beutetiere überwältigen und verzehren (MEINHARDT 1999).

Bodenbewohnende Arten (hier *Haplopelma* sp. „longipedum") benötigen eine ausreichend große Substrathöhe, um ihre Wohnhöhlen anzulegen. Foto: K. Kunz & S. Heist

Einrichtung des Terrariums

Die Einrichtung eines Terrariums muss so gewählt werden, dass sie den Ansprüchen der jeweiligen Vogelspinnenart, die darin leben soll, möglichst gerecht wird. Natürlich ist es praktisch unmöglich, der Vogelspinne einen naturgetreuen Biotop zu bieten – das ist aber auch gar nicht nötig. Es genügt, einige wichtige Parameter nachzustellen. Daher sollte man sich vorher genau informieren, woher die betreffende Art kommt und vor allem, wie ihr natürlicher Lebensraum aussieht, d. h. welche Bedingungen dort herrschen (wichtig ist speziell das Mikroklima!) und wie die Art dort lebt. Somit stellt sich als erstes die Frage, ob es eine boden- oder baumbewohnende Art ist. Dann natürlich, ob sie aus einer trockenen Gegend, wie z. B. der Steppe, oder aus einer feuchten Gegend, beispielsweise dem tropischen Regenwald, stammt.

Bei Bodenbewohnern gilt als Faustregel, wie oben schon erwähnt, dass der Bodengrund mindestens 5 cm hoch eingefüllt werden sollte (siehe aber unten). Als Substrat hat sich in Ziegel gepresste Kokosfaser bestens bewährt. So ein Ziegel nimmt bei Vorratshaltung nicht viel Platz weg und wiegt nur 600 g. Stellt man ihn jedoch in einen großen Eimer und füllt 3–4 l warmes Wasser ein, hat man innerhalb von einer halben Stunde 9 l Substrat. Es enthält im Gegensatz zur handelsüblichen Blumenerde keine Düngezusätze und erzeugt aufgrund seines pH-Wertes ein für Mikroorganismen ungünstiges Milieu, sodass es nicht fault oder zu schimmeln anfängt. Ein weiterer Vorteil ist die hohe Wasserspeicherkapazität, die das Substrat nicht so schnell austrocknen lässt. Und selbst, wenn das Substrat einmal völlig getrocknet sein sollte, nimmt es sehr schnell wieder Wasser an, was bei Blumenerde meistens nicht der Fall ist. Diese neigt nämlich dann dazu, zu verklumpen und hart zu werden. Vermiculit und Seramis sind als Bodengrund meines Erachtens völlig ungeeignet, da

Richtet man Terrarien allzu üppig ein, wie hier im Falle eines *Nhandu coloratovillosus*, so besteht die Gefahr, dass Futtertiere sich dauerhaft verstecken und dann einer sich häutenden Spinne gefährlich werden können. Foto: C. Stehr

sich im trockenen Zustand feine Staubteilchen lösen. Kies ist als Bodengrund ebenfalls abzulehnen, da sich die Vogelspinnen an scharfen Kanten das Opisthosoma schwer verletzen könnten. Außerdem kann eine bodenbewohnende Vogelspinne im Kies nicht richtig graben.

Als nächstes muss für ein Versteck gesorgt werden, das z. B. aus einem Korkrindenstück bestehen kann. Zum Schluss wird die Einrichtung mit einem Wassernapf vervollständigt. Natürlich befriedigt diese Terrariengestaltung nur die Mindestanforderungen, die eine bodenbewohnende Vogelspinne an ihr neues Zuhause stellt. Handelt es sich z. B. um eine grabende Art aus Afrika oder Asien, so muss der Bodengrund, wie erwähnt, mindestens 15 cm hoch eingefüllt sein, damit sich die Tiere ihre Wohnröhren graben können. Solchen Spinnen kann man an der gewünschten Stelle schon mit einem Rundholz einen Röhreneingang vorbohren. Aber auch etliche süd- und mittelamerikanische Arten, wie z. B. *Brachypelma vagans*, *Aphonopelma seemanni* und *Cyriocosmus elegans*, legen weit verzweigte tiefe Erdbauten an, sodass auch sie im Terrarium dementsprechend einen hohen Bodengrund aus z. B. Kokosfaser, ungedüngter Blumenerde oder einem Sand-Lehm- bzw. Erde-Lehm-Gemisch benötigen.

Hinweise zur Einrichtung

Sämtliche Einrichtungsgegenstände müssen so eingebracht werden, dass ein Umkippen oder Einstürzen (z. B. nach dem Untergraben durch die Spinne) ausgeschlossen ist.
Setzt man natürliche Pflanzen aus der Gärtnerei ein, so sollten diese zuvor im Verlauf von etwa zwei Wochen mehrfach abgeduscht werden, um anhaftende Pestidzide zu entfernen.
Verwenden Sie keine spitzen oder scharfkantigen Gegenstände und benutzen Sie für Lüftungsflächen keine Fliegengaze, da Vogelspinnen in den feinen Maschen hängen bleiben könnten.
Die Tiere müssen jederzeit feuchtere und trockene Bereiche aufsuchen können.

Das in Ziegelform gepresste Kokosfaser-Substrat ergibt in Wasser eingeweicht mehrere Liter Bodengrund.
Foto: M. Meinhardt

Eine Bepflanzung des Terrariums ist bei Bodenbewohnern generell wünschenswert, da sie das Mikroklima regelt und speziell für die nötige Luftfeuchte sorgt. Bei Tieren aus feuchteren Lebensräumen ist auch Moos gut geeignet, denn es hält die Feuchtigkeit. Zudem kommt Moos mit wenig Licht aus und nimmt Wasser selbst im vertrockneten Zustand noch gut auf. Im Terraristikhandel erhältlich ist beispielsweise *Sphagnum*, das sich für unsere Zwecke geradezu anbietet.

Eine Bepflanzung dient aber auch der optischen Aufbesserung des Beckens. Oft gestalten die Vogelspinnen allerdings ihr Terrarium komplett um und graben dabei auch die Bepflanzung mit aus. Ist dies bei einem Exemplar sehr oft der Fall, empfiehlt es sich, auf Kunstpflanzen auszuweichen, wenn diese auch selbstredend nicht die regulatorische Funktion echter Pflanzen ersetzen können. Kunstpflanzen gibt es mittlerweile in großer Auswahl und hervorragender Qualität, sodass sie täuschend echt aussehen.

Wenn der Terrarienraum genügend aufgeheizt und durch ein Fenster oder große Raumleuchten ein Tag-/Nachtrhythmus gewährleistet ist, ist eine besondere Beleuchtung des Terrariums in der Regel nicht mehr nötig, da Vogelspinnen nachtaktiv sind und selten bei Licht aus ihrem Versteck kommen. Allerdings ist von einigen *Avicularia*-Arten bekannt, dass sie sich gerne ausgiebig sonnen. Ein ähnliches Verhalten konnte ich auch bei *Poecilotheria ornata* und *Poecilotheria rufilata* feststellen. Bei solchen Arten sollte also eine lokale Beleuchtung in Form eines kleinen Spots außerhalb des Terrariums angebracht werden. Auch aufgelegte Leuchtstoffröhren eignen sich. Die Glühbirnenleistung sollte aber wegen der Gefahr einer Überhitzung des Terrariums nicht über 25 W liegen. Die Beleuchtungsdauer beträgt 10–12 Stunden. Ist das Becken bepflanzt, muss die Beleuchtung natürlich für das Wachstum der Pflanzen ausreichend sein. Soll das Terrarium extra beheizt werden, geschieht das am besten durch einen Klemmspot über dem Terrarium oder durch eine Leuchtstoffröhre mit 25 W Leistung, mit der sich gleich mehrere Terrarien versorgen lassen (s. o.). Von einer Bodenheizung, ob durch Heizkabel oder Heizmatte, kann ich nur abraten. In freier Wildbahn kommt die Wärme von oben. Gräbt nun eine Vogelspinne, so wird es kühler und feuchter, je tiefer sie ins Erdreich vordringt. Mit einer Bodenheizung erzielt man jedoch genau den umgekehrten Effekt: Je tiefer die Vogelspinne gräbt, desto wärmer und trockener wird es. Auch wenn die Vogelspinne diese Veränderung bemerkt, gräbt sie dennoch instinktiv weiter in die Tiefe, in der „Hoffnung", es würde endlich kühler und feuchter.

Bei Baumbewohnern sieht die Einrichtung naturgemäß etwas anders aus. Auch hier sollten 5 cm Bodengrund im Becken sein. Verwendete man als Substrat Vermiculit oder Seramis, so setzten sich die feinen Partikel u. a. in der Scopula fest, und die Spinne wäre hinterher nicht mehr in der Lage, die Scheiben hochzuklettern. Daher sollte auch hier als Bodengrund am besten das schon erwähnte Kokosfaser-Substrat Verwendung finden.

Ein Versteck in Form einer senkrecht oder schräg stehenden Korkröhre und eine Wasserschale sollten natürlich nicht fehlen. In eine solche Schale legt man beispielsweise ein paar Kiesel, damit ins Wasser gefallene Futterinsekten wieder herausklettern können.

Hier empfiehlt sich eine Bepflanzung (bzw. die Ausstattung mit künstlichen Pflanzen) sehr, damit das Tier ausreichend Klettermöglichkeiten hat. Will man auf eine Bepflanzung verzichten, sollte das Terrarium unbedingt mit reichlich Ästen und Korkstücken als Klettergelegenheiten versehen werden. Bei der Beheizung, sofern nötig, verzichte

Senkrecht ins Terrarium gestellte Korkröhren werden von baumbewohnenden Arten (hier *Avicularia avicularia*) nicht nur als Klettermöglichkeit, sondern auch als permanente Wohnröhre genutzt. Foto: C. Stehr

ich auch bei den Baumbewohnern auf eine Bodenheizung, da ein solches Wärmeangebot nicht den natürlichen Umständen entspricht, und nutze stattdessen Klemmspots oder Leuchtstoffröhren.

Wenn es sich um Arten aus den tropischen Regenwäldern handelt, sollte auf Moos als zusätzlicher Feuchtigkeitsspender nicht verzichtet werden. Für die Arten der afrikanischen Gattungen *Pterinochilus* und *Stromatopelma,* die in Büschen und auf Bäumen leben, ist es jedoch nicht so gut geeignet. Diese Spinnen bevorzugen in freier Wildbahn trockene Gegenden, in denen die Luftfeuchtigkeit über dem Boden selten mehr als 40–50 % beträgt, was der normalen Luftfeuchtigkeit in unseren Räumen entspricht. Bei zu feuchter Haltung sterben diese Arten nach einiger Zeit. Zu Dekorationszwecken kann man daher besser Äste verwenden.

Wichtig ist aber in jedem Fall, dass das Becken nicht mit Einrichtungsgegenständen überladen wird. Die Vogelspinne hat sonst eventuell Schwierigkeiten, die Beutetiere zu lokalisieren und zu erbeuten. Der Halter täte sich damit auch keinen Gefallen: Das Hantieren im Terrarium würde dadurch erschwert und man verlöre den Überblick, sodass es schneller zu Bissunfällen kommen könnte.

Haltung

Allgemein

Die meisten Arten können problemlos bei einer durchschnittlichen Temperatur von 25 °C und einer relativen Luftfeuchtigkeit von 70 % gehalten werden. Natürlich gibt es auch hier Ausnahmen. *Megaphobema mesomelas* aus den Nebelwäldern Costa Ricas beispielsweise verträgt auf Dauer Temperaturen über 20 °C nicht. Außerdem benötigen Individuen dieser Art eine relative Luftfeuchtigkeit von 90–100 %. *Poecilotheria subfusca* kommt in den Hochgebirgswäldern Sri Lankas in Höhen von bis zu 2400 m ü. NN vor, in denen auch Schneefall möglich ist. Sie bevorzugt daher niedrigere Temperaturen bis maximal 22 °C. Um sie zur Paarbildung und damit zur Nachzucht anzuregen, empfiehlt es sich, die Temperatur 2–3 Monate auf bis zu 16 °C herabzusetzen (SCHWARZBERG 1996). Die Arten der afrikanischen Gattungen *Pterinochilus* und *Stromatopelma* benötigen, wie schon erwähnt, Luftfeuchtigkeitswerte um 50 % sowie Temperaturen von bis zu 28 °C und darüber, da sie in freier Wildbahn die Buschvegetation und Bäume bewohnen, wo es nicht nur sehr trocken, sondern zudem auch sehr warm werden kann. Die Arten der in Mittelamerika verbreiteten Gattung *Brachypelma* benötigen zum richtigen Wachstum Temperaturen von rund 25 °C. Die Arten der süd- und mittelamerikanischen Gattung *Grammostola* bewohnen die trockenen und heißen Grassteppen, was bei ihrer Haltung ebenfalls zu berücksichten ist. Allerdings muss man sich immer vor Augen halten, dass das Makroklima nicht dem Mikroklima entspricht. Selbst in Wüsten lebende Arten gedeihen daher bei z. B. 27 °C ausgezeichnet, also einem Wert, wie er in ihrem relativ thermostabilen Versteck herrschen wird. Bei vielen Arten, die eine besonders feuchte Haltung benötigen, wie z. B. *Theraphosa blondii*, können die Tarsen bei Staunässe verpilzen. Daher muss hier für eine ausreichende Belüftung des Terrariums gesorgt werden. Der sehr tiefe Bodengrund für Arten beispielsweise der asiatischen Gattung *Haplopelma* muss immer feucht sein, wobei aber keine Staunässe entstehen darf. Obwohl viele Arten, z. B. die der gerade erwähnten Gattung *Haplopelma*, ihren Flüssigkeitsbedarf allein aus der Beute und der feuchten Atemluft decken können, sollten Sie gerade als Einsteiger sicherheitshalber immer einen Wassernapf mit frischem Wasser ins Terrarium stellen. Viele Spezies neigen dazu, die Futterreste und ihren Kot darin zu entsorgen, sodass man ihn häufiger reinigen muss. Futterreste sollten überhaupt sofort entfernt werden, damit sie nicht anfangen zu schimmeln. Zudem siedeln sich an Futterresten schnell Milben an, die dann auch die Vogelspinne befallen können. Auch Buckelfliegen können sonst schnell zur Plage werden. Gute Helfer im Kampf gegen vergammelnde Futterreste und Schimmel sind übrigens Springschwänze und kleine tropische Asseln.

Hat das Substrat jedoch erst einmal massiv Schimmel gefasst, sollte es umgehend ausgewechselt werden. Der Teil, den man zuerst vom Schimmelpilz sieht, ist der Fruchtkörper. Dieser stellt aber nur die „Spitze des Eisberges" dar, weil der eigentliche Schimmelpilzkörper, das so genannte Mycel, schon durch große Teile des Substrates gewachsen ist. Muss der Bodengrund gewechselt werden, empfiehlt sich außerdem eine gründliche Reinigung des Terrariums mit heißem Wasser. Spülmittel oder andere Chemikalien sollten dazu nicht verwendet werden, da Spuren davon die Vogelspinne eventuell vergiften könnten. Zum Entfernen der Kalkrückstände des Sprühwassers an den Scheiben kann man am besten Haushaltsessig verwenden.

Um für die benötigte Luftfeuchtigkeit zu sorgen, muss die Terrarieneinrichtung regelmäßig je nach Vogelspinnenart mindestens ein- bis zweimal in der Woche besprüht werden, wobei man jedoch niemals die Spinne selbst ansprühen darf. Bei Baumbewohnern empfiehlt es sich, dabei auch die Terrarienscheiben einzusprühen, da die Spinnen oft die dabei entstehenden Wassertropfen trinken. Generell sollte der Bodengrund nie vollständig austrocknen. Zusätzlich zum regelmäßigen Sprühen kann das Substrat gerade bei sehr warmen Wetterperioden noch (mit Fingerspitzengefühl!) zumindest in einer Ecke gegossen werden.

Reinigungen innerhalb eines „eingefahrenen" Terrariums sollten nie aus persönlichem ästhetischen Empfinden erfolgen. Hier beispielsweise muss nur der Wassernapf gereinigt und wieder frisch gefüllt werden. Foto: K. Kunz & R. Uhl

Meine Terrarien säubere ich nur dann komplett, wenn ich eine Spinne umsetze oder ein Becken völlig neu einrichte. In der Regel entsteht aber im Terrarium innerhalb kurzer Zeit ein gesundes Mikroklima. Zudem brauchen vor allem ältere Vogelspinnen einige Zeit, sich in einem neu eingerichteten Becken einzuleben. Ist erst einmal ein Terrarium richtig „eingefahren", ist es nicht unbedingt nötig, dieses alle 6–12 Monate komplett zu säubern und neu einzurichten, wie es oft empfohlen wird. Ich pflege meine Tiere schon seit 20 Jahren nach dieser Methode und habe immer gute Erfahrungen damit gemacht.

Fütterung

Wie schon im Kapitel „Nahrung" erwähnt, fressen die meisten Vogelspinnenarten Insekten aller Art. In der Terrarienhaltung haben sich je nach Größe der zu versorgenden Spinne vor allem Heimchen (*Acheta domesticus*), Zweifleckgrillen (*Gryllus bimaculatus*), Wanderheuschrecken (*Locusta migratoria*), Totenkopfschaben (*Blaberus craniifer*) und die Argentinische Schabe (*Blaptica dubia*) als Futter bewährt. Sie lassen sich problemlos nachzüchten und werden von den Vogelspinnen gerne als Beute genommen. Da die frisch geschlüpften Heimchen nur 2 mm groß sind, lassen sich mit ihnen sogar sehr kleine Spiderlinge (z. B. *Acanthoscurria*- und *Cyriocosmus*-Arten) gut füttern. Außerdem gut geeignet für die Fütterung extrem winziger Jungspinnen sind Taufliegen (*Drosophila*) und Springschwänze (Collembola).

Eine Vitaminzugabe ist nicht nötig, wenn die Futtertiere ausreichend durch die Nahrung mit Vitaminen versorgt werden – man sollte aus dem Handel bezogene Insekten daher vor dem Verfüttern ein paar Tage lang reichlich Obst und Gemüse anbieten.

Alle hier genannten Futtertiere können entweder selbst gezüchtet oder aber über den Terraristikhandel bezogen werden, auch beispielsweise im praktischen Futterabo. Großen Exemplaren kann man auch (abgetötete) Mäuse(babys) anbieten.

Ich will hier keine „allein gültigen" Richtlinien zur Fütterung von Vogelspinnen anbieten, da jedes Tier andere Ansprüche an die Ernährung stellt und Vogelspinnen derselben Art durchaus unterschiedliche Vorlieben bei der Wahl der Beutetiere entwickeln können. Vielmehr bin ich der Meinung, dass jeder für sich selbst entscheiden sollte, wie oft und mit welchem Futter er seine Pfleglinge ernährt. Wie ich aus eigener Erfahrung weiß, neigt man am Anfang oft dazu, seine Vogelspinnen regelrecht zu mästen. Mit der Zeit entwickelt man jedoch meistens ein auf die Ansprüche seiner Tiere abgestimmtes Ernährungsprogramm, dazu unten noch ein paar Worte.

Schaben kann man ohne großen Aufwand selber züchten.
Foto: C. Stehr

In der freien Wildbahn jagen Vogelspinnen fast ausschließlich in der Dunkelheit. Daher ist die beste Zeit für die Fütterung der Abend, sodass die Spinnen über Nacht das Futtertier erbeuten können. Oft nehmen aber im Terrarium gehaltene Vogelspinnen auch tagsüber Beutetiere an, sodass in diesen Fällen zu jeder Tageszeit gefüttert werden kann.

Stets zu beachten sind natürlich die jeweiligen Bedürfnisse des betreffenden Tieres. Vogelspinnen, die sich erst vor kurzem gehäutet haben, benötigen sehr viel Futter, da sie nach dem anstrengenden Häutungsprozess erst einmal wieder zu Kräften kommen müssen. Ebenso brauchen Weibchen, die gerade die Brutpflege beendet haben oder denen der Kokon vorzeitig weggenommen wurde, viel Futter, da sie dann sehr geschwächt sind. Wildfangtiere und Vogelspinnen von Großhändlern sind oft stark abgemagert. Sie sollten möglichst intensiv gefüttert werden, nachdem sie sich in ihrem neuen Terrarium eingelebt haben. Als Faustregel gilt: Gut genährt ist eine Vogelspinne erst dann, wenn der Hinterleib mindestens genauso groß ist wie der Vorderkörper, wobei aber zu beachten ist, dass Männchen meist ein schlankeres Opisthosoma aufweisen als Weibchen.

Was tun bei ausgetrockneten Vogelspinnen?

Stark dehydrierte Tiere, wie man sie leider noch immer oft als Wildfänge im Zoohandel sieht, erkennt man am kleinen und schrumpeligen Hinterleib. Solche Tiere sollten nach dem Kauf – so man sich trotz des Verlustrisikos dazu entscheidet – sofort in eine halb gefüllte, flache Wasserschale gesetzt werden, damit sie wieder Flüssigkeit aufnehmen können.

Schlecht genährte Vogelspinnen wachsen natürlich deutlich langsamer und werden auch nicht so groß wie gut gefütterte Tiere. Sehr gut genährte Tiere wiederum verweigern die Nahrung, wenn sie vollgefressen sind, und ziehen sich dann nicht sel-

Dieser *Nhandu coloratovillosus* hat gerade ein vorher abgetötetes Mäusebaby ergriffen. Foto: C. Stehr

ten in ihr Versteck zurück, um eine Fastenpause einzulegen. Wenn man also seine Pfleglinge möglichst oft zu Gesicht bekommen möchte und andererseits nicht will, dass sie kleinwüchsig werden, muss man bei der Fütterung einen Mittelweg einschlagen; es sollte also weder zu oft/zu viel noch zu selten/zu wenig gefüttert werden. Mit der Zeit entwickelt man ein Gespür, welche Nahrungsansprüche das jeweilige Tier stellt und ob die Spinne beispielsweise dazu neigt, sich regelrecht zu überfressen, was z. B. bei *Grammostola*-Arten oft beobachtet werden kann.

Ich verpflege meine adulten Tiere in der Regel einmal pro Woche. Je nach Ernährungszustand, den man an der Größe des Opisthosomas erkennt, bekommen meine Spinnen aber auch öfter Futter. Exemplare mit großem Opisthosoma füttere ich nicht so oft. Es kann dann schon mal ein Zeitraum von mehr als zwei Wochen zwischen zwei Fütterungen liegen. Natürlich werden bei mir Spiderlinge intensiver gefüttert als etwas größere oder adulte Exemplare, da sie erst einmal „aus dem Gröbsten herauskommen" müssen. Ganz jungen Nachzuchttieren kann man jeden zweiten bis dritten Tag geeignete kleine Futtertiere anbieten.

Vorsicht in der Häutungsphase!

Da Grillen und Schaben durchaus in der Lage sind, eine ruhende oder sich in der Häutung befindliche Vogelspinne anzufressen, sollten nicht erbeutete Futtertiere am nächsten Tag wieder aus dem Terrarium entfernt werden. Die Vogelspinne ist dann wahrscheinlich satt und wird das Futtertier auch später nicht erbeuten. Einer Vogelspinne in der Häutungsphase reicht man kein Futter, sondern wartet, bis nach der Häutung die Chelizeren ausgehärtet sind.

Das Tier wird von hinten mit der einen auf die vor Spinne liegende andere Hand gelenkt. Danach kann man es – sollte es sich um ein sehr agiles Tier wie dieses *Brachypelma auratum* handeln – von einer Hand in die andere laufen lassen. Foto: C. Stehr

Handhabung

Beim Umgang mit Vogelspinnen sollte man immer bedenken, dass es sich um „wilde" Tiere handelt, die sich nicht wirklich zähmen lassen. Es sind keine Schmusetiere, die eine Beziehung zum Menschen aufbauen könnten.

Vogelspinnen sollten nur so oft wie unbedingt nötig aus ihrem Terrarium genommen werden. Jedes Anfassen mit der Hand oder anderes Hantieren mit ihnen bedeutet für sie in erster Linie Stress. Zwar führen sie im Terrarium ein sehr viel ruhigeres Leben als in freier Natur, wo wechselnde Umwelteinflüsse, Nahrungskonkurrenz und Nahrungsmangel, Druck durch Fressfeinde und Störungen durch ungebetene Gäste an der Tagesordnung sind. Jedoch handelt es sich dabei um Stresssituationen, auf die sich ihr Organismus im Laufe der Jahrmillionen eingestellt hat und die in ihr natürliches Schema passen. Nimmt man eine Vogelspinne dagegen aus ihrem Terrarium, wird sie aus ihrer gewohnten Umgebung gerissen und muss sich plötzlich auf völlig neue Verhältnisse einstellen.

Besonders Tiere, die man frisch bekommen hat, sind oft sehr gestresst. Sie müssen sich dann erst an das neue Terrarium gewöhnen. Diese Eingewöhnungsphase dauert bei Wildfängen natürlich länger, da sie unter dem langen Transport und der zumeist mangelhaften Zwischenhälterung beim Händler litten. Solange die Spinne noch nicht ihr neues Versteck bezogen hat, sollten Arbeiten im Terrarium daher auf ein Minimum reduziert werden. Regelmäßiges Besprühen des Terrariums und Wechseln des Trinkwassers in der Schale reichen dann völlig aus. Erst, wenn sich die Vogelspinne im neuen Versteck eingerichtet hat und anfängt, auf Beute zu lauern, kann mit der Fütterung begonnen werden.

Um eine Vogelspinne gefahrlos aus ihrem Terrarium zu nehmen, gibt es drei Möglichkeiten:

- Mit der Hand
- Mit einer Heimchenbox
- Mit einer Futterpinzette

Mit Daumen und Mittelfinger wird das Tier zwischen dem zweiten und dritten Beinpaar gegriffen. Zuvor drückt man mit dem Zeigefinger das Prosoma gefühlvoll auf den Boden, um die Spinne am Weglaufen zu hindern. Foto: M. Meinhardt

Mit dieser Methode lassen sich auch weniger ruhige Tiere mit der Hand aus dem Becken nehmen. Foto: M. Meinhardt

Hier kann man sehr gut den zwischen dem zweiten und dritten Beinpaar platzierten Griff sehen. Foto: C. Stehr

Mit der Hand

Vorweg sei darauf hingewiesen, dass man nur friedliche Exemplare z. B. bestimmter *Avicularia-*, *Brachypelma-* und *Grammostola-*Arten mit der Hand anfassen sollte. Es kommt zwar immer wieder vor, dass einige Vogelspinnenhalter auch aggressive Tiere auf die Hand nehmen, jedoch hat das nichts mit Können zu tun. Solche Leute versuchen mit derartigen Showeinlagen nur, bei anderen Menschen Eindruck zu machen. Das Risiko, gebissen zu werden, ist in so einem Fall einfach zu hoch, ebenso wie das einer Verletzung der Spinne selbst, die vielleicht bei einer plötzlichen Wendung herunterfallen könnte.

Vogelspinnen können wohl nicht zwischen der Hand des Pflegers und der einer anderen Person unterscheiden. Für sie stellt die Hand nur einen anderen „Bodenzustand" dar. Der „Boden", also die Hand, vibriert dann stärker als normal. Er ist wärmer und eventuell feuchter. Eine im Umgang mit Vogelspinnen erfahrene Person hat eine ruhigere Hand, und da ihr Körper nicht in Alarmbereitschaft versetzt ist, auch weniger feuchte Haut. Daher verhält sich eine Vogelspinne auf deren Hand auch sehr viel ruhiger als bei Personen, die noch nicht so oft eine Vogelspinne auf ihrer Hand hatten.

Um eine Vogelspinne mit der Hand anzufassen, bedarf es etwas Übung. Vorher sollte man auf jeden Fall mit einem langen Gegenstand antesten, ob die Spinne aggressiv reagiert oder nicht. Ist Letzteres der Fall, so kann man die Vogelspinne am einfachsten auf die Hand laufen lassen. Dazu hält man eine Hand mit der Innenseite nach oben vor das Tier. Mit der anderen Hand bugsiert man die Spinne anschließend von hinten behutsam auf die vor ihr liegende Handinnenfläche, und schon kann man das Tier aus dem Terrarium nehmen. Wer auf Nummer sicher gehen will, kann dazu auch Lederhandschuhe tragen.

Nur Exemplare, die weder aggressiv sind noch bombardieren, kann man, falls nötig, auch einmal auf die Hand nehmen.
Foto: K. Kunz & R. Uhl

Etwas mehr Erfahrung braucht man, um eine Vogelspinne mit dem „Spezialgriff“ hochzuheben. Zuerst drückt man mit dem Zeigefinger das Prosoma der Spinne leicht und mit viel Gefühl auf den Boden. Dann greift man vorsichtig mit Daumen und Mittelfinger zwischen das zweite und dritte Beinpaar und kann das Tier gefahrlos hochheben.

Diese Methode lässt sich leicht abgewandelt von erfahrenen Pflegern auch bei etwas nervöseren Vogelspinnen anwenden, die ansonsten schnell die Flucht ergreifen könnten. Dazu drückt man die Spinne vorsichtig von hinten mit der ganzen Hand auf den Boden, indem man sie mit den Fingern komplett umschließt. Nun kann man gut den Zeigefinger auf den Vorderkörper drücken und die Spinne mit Daumen und Mittelfinger wie oben beschrieben greifen und hochheben. Natürlich lässt sich der Spezialgriff nur bei größeren Tieren anwenden. Es sei ausdrücklich darauf hingewiesen, dass dieser Griff ausschließlich sehr erfahrenen Vogelspinnenhaltern vorbehalten bleiben sollte! Er ist hier nur der Vollständigkeit wegen erwähnt.

Mit einer Heimchendose

Die im Folgenden beschriebene Methode ist die einfachste und gefahrloseste, eine Vogelspinne aus ihrem Terrarium zu nehmen. Sie lässt sich problemlos bei sämtlichen Arten anwenden. Hierbei muss man die Heimchendose einfach nur über das Tier stülpen, wenn dieses auf dem Boden oder an einer Seitenscheibe sitzt, und den Deckel von unten vorsichtig darunterschieben.

Nachdem die Dose fest damit verschlossen ist (Vorsicht, klemmen Sie keine Gliedmaßen der Spinne ein!), kann die Spinne aus dem Becken genommen werden. Natürlich sollten bei großen Arten entsprechend große Behälter, wie etwa Haushaltsboxen, Verwendung finden, um das Tier nicht an den Extremitäten zu verletzen. Um die Vogelspinne wieder in ihr Becken zurückzusetzen, muss man nur die Dose geöffnet ins Terrarium stellen und warten, bis die Spinne herausgeklettert ist. Wenn sich die Spinne dann in ihrem Versteck befindet, kann die Dose gefahrlos aus dem Becken entfernt werden.

Mit einer Federstahlpinzette

Diese Methode, die jedoch in aller Regel nur bei Prälarven, Larven oder Nymphen angewendet werden sollte, erfordert besonders viel Erfahrung und Übung. Hierbei greift man den Vorderkörper der Vogelspinne von der Seite vorsichtig mit einer Federstahlpinzette und hebt das Tier hoch. Wichtig ist, dass man mit der Pinzette nicht zu viel Druck ausübt, da man sonst der Spinne innere Verletzungen zufügen könnte. Die oft beschriebene Methode, größere Vogelspinnen mit einer Futterpinzitte zu greifen, ist sehr riskant für das Tier, dem dabei leicht Verletzungen zugefügt werden können, und sollte daher nicht angewandt werden.

Im Bereich der Nachzucht kommt eine weitere Verantwortung auf den Terrarianer zu. So sollten nicht nur gesunde, blutsfremde Tiere ausgewählt, sondern auch Bastardisierungen vermieden werden (hier *Avicularia avicularia*). Foto: C. Stehr

Bei einigen Arten ist die Bestimmung der Geschlechter auch schon anhand des Körperbaus möglich. Das hier abgebildete Männchen von *Lasiodora parahybana* unterscheidet sich sehr stark von dem auf Seite 96 abgebildeten, wesentlich kräftigeren Weibchen. Foto: C. Stehr

Auswahl von Zuchttieren

Wenn man eine Vogelspinnenart nachzüchten will, sollte man sich am besten eine Zuchtgruppe aus mindestens zwei Männchen und zwei Weibchen zusammenstellen. Oft kommt es nämlich vor, dass die Nachzucht nicht auf Anhieb klappt. Dann hat man wenigstens die Möglichkeit, auf ein anderes Weibchen oder Männchen zurückzugreifen, in der Hoffnung, damit mehr Erfolg zu verbuchen. Natürlich hat man oft auch mit einem einzigen Pärchen schon Glück.

Um Inzucht zu vermeiden, sollten die einzelnen Tiere aus unterschiedlichen Nachzuchtlinien stammen. BAXTER (1994) konnte bei der Art *Psalmopoeus cambridgei* nachweisen, dass die Nachzucht mit Geschwistertieren über mehrere Generationen zu Inzuchterscheinungen führte. Die Anzahl der Jungtiere nahm nach einigen Generationen stark ab, und es musste mit deutlich größeren Ausfällen gerechnet werden. Mit der Zeit wurden die Nachkommen immer kleinwüchsiger und anfälliger für Krankheiten. Die Lebenserwartung sank deutlich, und immer mehr Tiere wurden unfruchtbar. Deformationen und Häutungsschwierigkeiten häuften sich zunehmend, und letzten Endes kam es zum Aussterben der Terrarienpopulation. Daher sollte man nach Möglichkeit Geschwistertiere nicht miteinander verpaaren. Nur bei sehr seltenen Arten kann man auf die Nachzucht mit Geschwistertieren über 1–2 Generationen zurückgreifen, um die Population in den Terrarien stabil zu halten.

Es ist wichtig, dass man zumindest bei kleinen Terrarienpopulationen hin und wieder Wildfangtiere für die Nachzucht benutzt, um neues Genmaterial in die Zucht zu bringen. Bitte stellen Sie sicher, dass es sich auch wirklich um ein artgleiches Pärchen handelt. Viele nahe verwandte und oft kaum unterscheidbare Spezies sind nämlich untereinander kreuzbar – so existieren etwa bereits Bestände von *Avicularia*-Hybriden. Solche Kreuzungen sollten unbedingt vermieden werden!

Unterscheidung der Geschlechter

Um Zuchtgruppen zusammenzustellen, ist es von Vorteil, möglichst frühzeitig die Geschlechter zu ermitteln. Dafür gibt es mehrere Methoden.

Bei der ersten Methode untersucht man die möglichst frische Exuvie auf eine Spermathek hin

Dieses Pärchen *Poecilotheria regalis* zeigt sehr schön den Geschlechtsdichromatismus, bei dem das Männchen (links) eine weniger intensive Färbung aufweist als das Weibchen (rechts). Foto: C. Stehr

(nicht erfolgreich bei den spermathekenlosen Arten *Sickius longibulbi* und *Xenodendrophila gabrieli*). Hierbei kommt man anfangs nicht ohne ein Binokular oder Mikroskop aus. Erst mit viel Erfahrung kann man später größtenteils darauf verzichten und zur Diagnose mit einer guten Lupe oder bei entsprechend großen Exuvien sogar ohne optische Hilfsmittel arbeiten.

Hat man eine getrocknete Vogelspinnenhaut vorliegen, muss diese zuerst aufgeweicht werden. Dazu legt man die Haut über Nacht in eine verschlossene, mit feuchtem Haushaltspapier ausgelegte Box. Am nächsten Tag kann man nun zur Identifizierung des Geschlechtes die Haut des Opisthosomas aufklappen. Handelt es sich bei der Vogelspinne um ein Weibchen, muss sich in der Exuvie die Spermathek befinden, auch Receptaculum seminis oder Samentasche genannt. Um eine eventuell vorhandene Spermathek zu finden, schaut man von oben auf die Innenseite der auseinandergeklappten Exuvie. Als erstes fallen die vier weißen Buchlungen im vorderen Drittel der Hinterleibshaut auf, die ansonsten einheitlich braun gefärbt ist. Zwischen den beiden Buchlungenpaaren befindet sich beim Weibchen die Epigastralfurche mit den Samentaschen. Diese sind als leicht abgehobener „Hautlappen" zu erkennen (s. Foto S. 16). Je nach Art und Gattung variiert die Form der Spermathek stark. Sie kann wie ein einfaches Halboval oder ein Halbkreis mit oder ohne Eindellung aussehen. Oft sitzen auch auf zwei mehr oder weniger dünnen Stielchen zwei oder mehrere kleine Köpfchen. Die Stielchen können gerade oder gebogen sein und sich weiter oben noch teilen, sodass eine Spermathek zuweilen wie ein Paar Kakteen aussieht.

Oft sind die Receptacula seminis bei jüngeren Weibchen nur ansatzweise oder noch unvollständig ausgebildet, sodass schon einiges an Erfahrung nötig ist, das Geschlecht eindeutig zu identifizieren. Ist keine Spermathek vorhanden, handelt es sich, von den oben genannten Ausnahmen abgesehen, um ein

Männchen. Zumindest bei größeren Häuten ist so eine recht eindeutige Unterscheidung möglich.

Die zweite Methode basiert auf einer rein äußerlichen Untersuchung der betreffenden Vogelspinne. Hierbei wird der Bereich der Epigastralfurche begutachtet. Dazu muss die Spinne entweder umgedreht werden, oder man betrachtet das Tier durch eine Terrarienscheibe von unten. Oberhalb der Epigastralfurche kann man einen dunklen Bereich erkennen. Dieser ist beim Männchen kreisrund bis viereckig (s. Abb. S. 21 unten). Er besteht aus einem Spinnfeld, das beim Spermanetzbau in Funktion tritt und von zwei pinselförmigen Haarbüscheln umgeben ist.

Beim Weibchen ist diese Region trapezförmig ausgebildet und deutlich größer als beim Männchen. Adulte Weibchen kann man auch daran erkennen, dass die Epigastralfurche als ein helles Querband zu sehen ist. Sie steht dann mehr oder minder „offen", und das Tier ist somit geschlechtsreif. Allerdings muss man dazu bis zur Geschlechtsreife der jeweiligen Vogelspinne warten, was mitunter mehrere Jahre dauern kann.

Der Nachteil der zuletzt genannten Methode ist, das man bei Vogelspinnen mit schwarzer Opisthosoma-Unterseite in diesem Bereich kaum etwas erkennen kann, sodass eine Diagnose aufgrund der äußeren Merkmale nicht immer sicher ist.

Ansonsten aber sind beide Methoden relativ zuverlässig, erfordern allerdings etwas Übung und Erfahrung.

Bei einigen Gattungen, z. B. *Poecilotheria* und *Psalmopoeus*, kann man auch einen deutlichen Geschlechtsdichromatismus beobachten, also unterschiedliche Färbung der beiden Geschlechter. Die Männchen sind nach der Reifehäutung weniger intensiv gefärbt, und ihre Zeichnung tritt nicht mehr so kräftig hervor wie bei den Weibchen.

Viele Vogelspinnenhalter vertreten die Ansicht, dass die Männchen schon in frühen Wachstumsphasen deutlich längere Beine hätten als gleichaltrige Weibchen und sich in kürzeren Intervallen häuteten als diese. Ich kann dieser Meinung nicht ganz widersprechen, zumal ich schon Gleiches bei einigen meiner Tiere beobachten konnte und Männchen außerdem meist schneller geschlechtsreif werden als weibliche Vogelspinnen. Doch scheint mir diese Methode zur frühzeitigen Unterscheidung der Geschlechter etwas zu oberflächlich. Das Wachstum von Vogelspinnen hängt von zu vielen verschiedenen Faktoren ab, als dass man aufgrund dessen eindeutig auf das Geschlecht des Tieres schließen könnte.

Am einfachsten lassen sich natürlich adulte Männchen von weiblichen Vogelspinnen unterscheiden, da sie dann an den Bulben gut zu erkennen sind (s. Foto S. 16).

Nachzucht

Hat man nun je ein geschlechtsreifes Männchen und Weibchen derselben Art, sollte man versuchen, die Tiere zur Fortpflanzung zu bringen. Dazu wird das Männchen am besten zum Weibchen ins Terrarium gesetzt, nachdem es ein Spermanetz gebaut und seine Bulben mit Sperma gefüllt hat. Oder aber man setzt beide Tiere in ein durch eine herausnehmbare Gazewand getrenntes Becken, sodass sie sich schon einmal miteinander vertraut machen können.

Bevor man dann die Trennwand herausnimmt bzw. die Partner zusammensetzt, sollte man sich mit einer langen Futterpinzette oder einem anderen langen Gegenstand bewaffnen, um dem Männchen bei eventuellen Komplikationen schnell zu Hilfe kommen zu können. Das schwächere Männchen sollte auch nie direkt vor das Versteck des Weibchens gesetzt werden, da es dann eventuell nicht genug Zeit hätte, mit der Balz zu beginnen und vom Weibchen als Beute angesehen werden könnte.

Nun heißt es: beobachten und protokollieren. Ist das Weibchen nicht paarungsbereit, was durchaus an der Jahreszeit liegen kann, existieren keine Duftspuren, und das Männchen wird kein Balzverhalten zeigen. Dann sollte das Männchen schnell wieder aus dem Terrarium entfernt und in sein eigenes Becken gesetzt werden, und man muss zu anderer Zeit einen neuen Paarungsversuch starten. Ist das Weibchen dagegen paarungsbereit, wird das Männchen auf die Sexualpheromone ansprechen und mit der Werbung beginnen.

Im Folgenden will ich drei völlig unterschiedlich verlaufene Paarungen schildern, um zu zeigen, wie stark diese bei den verschiedenen Arten variieren können.

Bei der ersten Art handelt es sich um *Theraphosa blondii*. Im Gegensatz zum sonst sehr aggressiven Verhalten dieser Vogelspinne verlief die Paarung äußerst friedlich, und auch nach der Kopulation trennten sich beide Geschlechter problemlos voneinander. Nachdem ich das Männchen am frühen Nachmittag etwa 20 cm vor dem Versteck des Weibchens abgesetzt hatte, fing es zwei Minuten später an zu balzen, indem es in kurzen Abständen mit den Pedipalpen auf den Boden trommelte. Nach 20 Minuten war das Männchen bis zum Versteck des Weibchens vorgedrungen. Dabei wurde die Werbung immer heftiger, je näher es an den Versteckeingang kam. Dort angelangt, wurden zur Balz zusätzlich noch die beiden vorderen Beinpaare eingesetzt. Fünf Minuten später wagte sich das Männchen zaghaft ins Versteck des Weibchens und berührte mit den Tarsen des ersten Beinpaares kurz seine Auserwählte, worauf diese kurz, aber heftig nach ihm schlug. Das daraufhin zurückweichende Männchen fing direkt wieder mit der Werbung an. Da sich das Weibchen ruhig verhielt, betrillerte das Männchen mit seinem ersten Beinpaar leicht seine Vorderbeine. Nun begann auch das Weibchen mit der Balz. Dies veranlasste das Männchen zurückzuweichen, um das Weibchen aus seinem Versteck zu locken. Währenddessen trommelte es mit kurzen Unterbrechungen mit den Pedipalpen weiter. Einige Minuten später kam dann auch das Weibchen aus seinem Versteck hervor, was das Männchen mit leichtem Betrommeln seiner Vorderbeine beantwortete. Um für die Kopulation, also das Einführen der Emboli in die Spermathek, in die richtige Ausgangsstellung zu kommen, legte sich das Männchen mit leicht angezogenen Beinen auf den Boden. Als das Weibchen nah genug herangekommen war, positionierte das Männchen das erste Beinpaar zwischen den Grundgliedern der Cheliceren und Pedipalpen des Weibchens und drückte leicht von unten dagegen. Dies veranlasste das Weibchen dazu, sich vorne aufzurichten. In diesem Moment schob das Männchen seinen Vorderkörper möglichst nah an seine Partnerin heran und drückte sie steil nach oben. Damit war die richtige Ausgangsstellung erreicht, und das Männchen konnte zuerst den linken und dann den rechten Embolus in die Spermathek des Weibchens einführen. Danach wich es wieder etwas zurück. Nachdem das Männchen nochmals den linken Embolus in die Spermathek eingeführt hatte, war die Kopulation nach 10 Minuten beendet, und die beiden Vogelspinnen trennten sich friedlich voneinander. Während der Kopulation stridulierte das Weibchen laut und hatte die Chelizeren weit auseinander gespreizt. Die ganze Paarung dauerte insgesamt 45 Minuten.

Die zweite Paarung, die ich beschreiben möchte, ist die von *Hysterocrates hercules*. Auch sie verlief friedlich und fand tagsüber statt. Sie dauerte aber insgesamt nur knapp drei Minuten. Nachdem ich das Männchen ins Terrarium des Weibchens gesetzt hatte, lief es direkt zum Eingang der Wohnröhre des Weibchens. Dort angelangt, fing es sofort an zu balzen und drang nach einer Minute in das Versteck des Weibchens ein. Dieses kam herausgeschossen, das Männchen machte einen Satz nach hinten und stemmte das viel größere Weibchen unvermittelt nach oben. Eine Minute später hatte das Männchen beide Bulben in die Spermathek entleert und drückte das Weibchen nach hinten weg. Dieses verschwand direkt wieder in seiner Wohnröhre, und die Paarung war damit beendet.

Abschließend noch zu *Poecilotheria ornata*. Nachdem ich das Männchen abends ins Becken des Weibchens gesetzt hatte, ca. 30 cm weit von dessen Versteck entfernt, zögerte es nur einen kurzen Moment, bevor es mit den Pedipalpen auf den Boden trommelte. Damit war die Balz eingeleitet, und das Männchen begann, der Duftspur des Weibchens zu folgen. Zwischendurch hielt das Männchen immer wieder an, wippte mit dem Körper und trommelte mit den Pedipalpen und dem ersten Beinpaar auf den Boden. Beim Versteck des Weibchens angekommen, ging es vorsichtig ein Stück hinein, bis es auf das Weibchen traf, betastete dieses ein wenig und wich nach hinten zurück, um es aus seinem Versteck zu locken. Das Weibchen kam regelrecht aus dem Versteck geschossen, wobei es heftig mit den Pedipalpen und den vorderen Beinen auf den

Boden trommelte. Nun begann eine Verfolgungsjagd, bei der es den Anschein hatte, das Männchen laufe vor dem heftig balzenden Weibchen davon. Tatsächlich ist dieses Balzverhalten charakteristisch für die Gattung *Poecilotheria*. Jedesmal, wenn das Weibchen innehielt und das Männchen einen gewissen Abstand zum Weibchen erreicht hatte, drehte sich das Männchen abrupt um und balzte das Weibchen an, bis dieses in die Richtung des trommelnden Männchens weiterlief. Berührten sich beide, machte das Männchen einen Satz zur Seite, und das Spiel begann von vorne. Die Balz dauerte insgesamt drei Tage und Nächte, fing jeweils am Abend mit Einsetzen der Dunkelheit an und endete in den frühen Morgenstunden. Den Tag verbrachten beide Tiere im Versteck des Weibchens friedlich nebeneinander hockend. Eine Kopulation beobachtete ich am Abend des dritten Tages, sie dauerte nur wenige Sekunden. Als das Weibchen während der Balz nah genug an das wartende Männchen herangekommen war, drehte sich dieses blitzschnell um, drückte das Weibchen mit den Vorderbeinen steil nach oben und führte innerhalb kurzer Zeit die beiden Emboli nacheinander in die Spermathek ein. Damit war die Paarung beendet, und beide Spinnen trennten sich friedlich voneinander.

Wie Sie sehen, verliefen alle drei Paarungen friedlich. Bei *Phormictopus cancerides* dagegen – die Paarung spielte sich ähnlich schnell wie bei *Hysterocrates hercules* ab – musste ich das Männchen unmittelbar nach der Kopulation mit einer langen Futterpinzette vor dem Weibchen schützen, indem ich damit zwischen seine Chelizeren fasste. Hätte ich hier nicht rasch genug reagiert, wäre das Männchen unweigerlich dem Weibchen zum Opfer gefallen. Auch bei *Xenesthis immanis* hatte es das Weibchen nach der Paarung auf das Männchen abgesehen. Erst nach einigen Minuten und mit Hilfe einer anderen Person konnte ich beide Spinnen voneinander trennen, auch wenn das Männchen dabei ein Bein einbüßte. Hier lag die Ursache für die Aggressivität des Weibchens allerdings wohl darin begründet, dass das Weibchen vor der Paarung nicht genügend gefüttert worden war und dieses Defizit mit dem Männchen als Beute wieder ausgleichen wollte. Als ich das Weibchen ein weiteres Mal mit einem Männchen verpaarte, wurde es vorher gut angefüttert, und beide Tiere trennten sich nach der Paarung friedlich voneinander.

Kokonpflege und Zeitigung

Wie oben bereits geschildert, baut das Spinnenweibchen einige Wochen bis Monate oder sogar ein Jahr nach der Paarung einen Kokon, aus dem nach rund 1,5–4 Monaten die Jungtiere schlüpfen. In dieser Zeit reagieren die Weibchen einiger Arten besonders empfindlich auf Störungen, was zum Verlust des Kokons führen kann. Daher nehme ich dem Weibchen den Kokon in der Regel nach 3–4 Wochen weg, da dann meistens schon die Jungen geschlüpft sind, und zeitige ihn separat in einer größeren Box, in die ich vorher etwas Substrat gefüllt habe. Das Substrat muss gut angefeuchtet sein, damit der Kokon nicht austrocknet. Zwischen Kokon und Substrat lege ich den Plastikdeckel einer Heimchenbox, damit der Kokon nicht durch den Kontakt mit dem feuchten Substrat anfängt zu schimmeln. Zur Kontrolle des Inhalts öffne ich den Kokon vorsichtig mit einer kleinen Schere und nähe den Schnitt hinterher mit ein paar Stichen wieder fest zusammen, damit die Eier bzw. Jungtiere nicht austrocknen. So kann ich einmal wöchentlich problemlos nachsehen, wie weit sich die Jungspinnen entwickelt haben, und die Daten protokollieren.

Wenn sich die Jungtiere ins Larvenstadium gehäutet haben, lockere ich etwas die Naht, damit sie sich auch auf dem Kokon bewegen können. Kurz bevor sie sich ein letztes Mal im Kokon häuten, setze ich alle Jungtiere einzeln in Heimchendosen. Würde ich sie erst nach dieser Häutung zum Spiderling vereinzeln, hätte ich eventuell mehrere hundert kleine Vogelspinnen in einer kleinen Box herumlaufen. Wenn ich dann ein einzelnes Tier herausfangen wollte, würden wahrscheinlich währenddessen 20 oder mehr Spiderlinge entwischen, die ich hinterher wieder einfangen müsste. Eine nervenaufreibende und zeitaufwändige Arbeit, die ich mir damit erspare. Es sei aber erwähnt, dass prinzipiell bei manchen Arten auch eine Aufzucht in kleinen Gruppen möglich ist, z. B. bei *Grammostola rosea*.

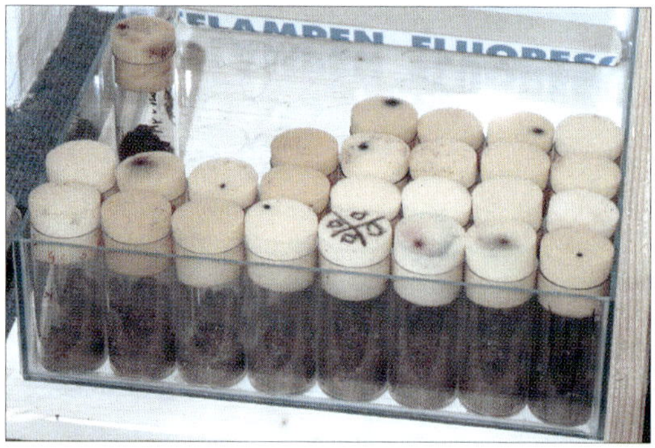

Hat man sich einmal dafür entschieden, Vogelspinnen zu züchten, gilt es auch eine effektive Lösung für die Versorgung der doch recht zahlreichen Nachkommen zu finden. Die rechts abgebildeten Dosen sind nicht nur platzsparend, sondern es ist auch einfach, in ihnen die nötige Feuchtigkeit zu halten, die die Spiderlinge (links) vor Austrocknung schützt. Fotos: C. Stehr

Eine andere Möglichkeit, die Eier künstlich zu zeitigen, besteht darin, diese in eine mit feuchtem Haushaltspapier ausgelegte oder mit feuchtem Substrat angefüllte Heimchendose zu überführen. Bei dieser Methode lassen sich besonders gut die abgestorbenen oder verpilzten Eier entfernen. Natürlich muss die Heimchendose verschlossen sein, damit die hohe Luftfeuchtigkeit, die normalerweise im Kokon herrscht, erhalten bleibt. Außerdem sollte die Dose an einem dunklen Ort aufbewahrt werden, an dem gleichmäßig hohe Temperaturen von etwa 25 °C herrschen, was dem Milieu im Kokon am nächsten kommen dürfte. Von Zeit zu Zeit müssen das Haushaltspapier bzw. das Substrat ausgewechselt werden. Die Eier lassen sich für diesen Zweck mit etwas Fingerspitzengefühl problemlos mit einer Federstahlpinzette in die neue, schon vorbereitete Box überführen. Eier, die herunterfallen, kommen dabei meistens nicht zu Schaden, da sie aufgrund ihrer hohen Elastizität nicht aufplatzen. Eier, die bei Berührung aufplatzen oder eindellen, waren bereits abgestorben. Sie sind dann auch durch und durch schwarz gefärbt und müssen entfernt werden.

Natürlich kann man den Kokon auch beim Muttertier belassen. Nur müssen dann die kleinen Spiderlinge aus dem Terrarium des Muttertieres herausgefangen werden, was bei Arten mit hoher Nachkommenzahl ziemlich nervenaufreibend sein kann. Bei subsozialen Arten wie *Holothele incei* dagegen macht die Gemeinschaftsaufzucht natürlich gerade den Reiz aus. Bei heiklen Spezies jedoch, wie etwa *Xenesthis immanis*, die dazu neigen, bei Störung ihren Kokon aufzufressen, oder wenn sich das Muttertier nicht mehr richtig um den Kokon kümmert, sollte man unbedingt auf eine künstliche Zeitigung ausweichen.

Aufzucht der Jungtiere

Einige Tage, nachdem die Jungen einzeln gesetzt wurden und sich gehäutet haben, beginnen sie mit der Nahrungsaufnahme. Je nach Anzahl der Jungtiere erwarten den Halter nun mindestens einmal in der Woche mehrere Stunden intensive Pflegearbeit, da jedes Jungtier in der Regel einzeln gefüttert und sein Behälter besprüht werden muss. In der Regel kommen nicht alle Tiere durch, sodass mit geringfügigen, bei heikleren Arten auch mit größeren Verlusten gerechnet werden muss. Das liegt zum einen daran, dass nicht alle Spiderlinge von Natur aus fit genug sind, die ersten paar Wochen und 2–3 Häutungen unbeschadet zu überstehen, zum anderen daran, dass es oft schwierig ist, die optimalen Lebensbedingungen für die Tiere zu schaffen. Selbstredend muss man sich so gut wie möglich um die kleinen Spinnen kümmern, die bei vielen Arten empfindlich auf Veränderungen des Mikroklimas im Aufzuchtbehälter reagieren. Die Kunst besteht darin, die bestmöglichen klimatischen Verhältnisse für die Spiderlinge in ihrem Miniterrarium einzustellen. Hat man dieses Problem gelöst, ist der Rest oft nicht mehr schwer.

Hier dienen Haushaltsdosen, in die Lüftungslöcher eingebracht wurden, als Aufzuchtbehältnisse, Verschlüsse von Mineralwasserflaschen als Wassernäpfe. Solche Behälter kann man z. B. auf Börsen preiswert erwerben. Foto: K. Kunz

Einfach, aber zweckmäßig: Diese *Holothele incei* wurde zur Aufzucht in einer Heimchendose untergebracht, bei der eine halbierte Filmdose als Unterschlupf und deren Deckel als Wasserbehältnis dient. Foto: K. Kunz

Nun heißt es jedoch, ausreichend Platz für je nach Art bis zu über 1000 kleine Vogelspinnen zu schaffen. Eine weitere Schwierigkeit besteht darin, genügend Aufzuchtbehälter für die Spiderlinge zu bekommen. Die Heimchen- oder Filmdosen, die man extra für diesen Zweck gesammelt hat, reichen meistens nicht aus, sodass man bei Bekannten nach entsprechenden Behältnissen oder in Imbissstuben nach den kleinen „Tsatsikidosen" fragen sollte. Alternativ bietet sich natürlich an, die Behälter beispielsweise auf Börsen zu kaufen. Hat man nun ausreichend Miniterrarien zur Verfügung, stellt sich die Frage nach dem Futter. Die Spiderlinge sind meistens so klein, dass sie als Futter „Mikroheimchen" oder sehr kleine Grillen bzw. *Drosophila* oder sogar Springschwänze benötigen. Um dem erhöhten Bedarf an diesem Kleinstfutter gerecht zu werden, braucht man eine gut eingeführte eigene Futtertierzucht, oder man muss rechtzeitig sicherstellen, dass man über sein „Futterabo" oder beim Zoohändler ausreichende Mengen erhält. Und nicht zuletzt sollte man sich auch noch Gedanken machen, wie man die Spiderlinge verkaufen kann, da es kaum möglich ist, so viele Vogelspinnen auf Dauer bei sich zu Hause zu beherbergen. Hier bieten sich Inserate in Fachzeitschriften wie der REPTILIA oder die vielen Börsen bestens an. Außerdem gibt es ja diverse auf Terrarientiere spezialisierte Zoofachhändler und -versandunternehmen, die ständig an Nachzuchten interessiert sind und gerne auch größere Mengen abnehmen. Natürlich ist hier die finanzielle Ausbeute nicht so groß wie beim Verkauf an Privatpersonen über Inserate oder auf Börsen. Das ist auch der Grund, weswegen die weniger gefragten oder in deutschen Terrarien schon sehr verbreiteten Arten kaum noch nachgezüchtet werden, denn mit ihnen erzielt man beim Verkauf nur einen geringen Erlös, sodass hier letztlich leider sogar verstärkt wieder auf Wildfänge zurückgegriffen wird. Man sollte aber nicht den finanziellen Aspekt in den Vordergrund stellen – schließlich geht es um ein Hobby! Und auch unter Artenschutzaspekten ist es erstrebenswert, auch weniger gefragte Arten nachzuzüchten.

Verpackung und Versand

Zum Transport (der übrigens auch auf dem Postweg gestattet ist) setzt man Vogelspinnen einzeln in relativ knapp bemessene Behälter. Für die meisten adulten Exemplare eignen sich beispielsweise die üblichen „Heimchendosen". Diese legt man vorher mit Küchenpapier aus und polstert sie dann auch noch etwas damit aus, sodass die Spinnen während des Transports nicht umhergeschleudert werden. Die Dosen mit den Spinnen kommen dann in einen thermostabilen Behälter, z. B. in eine Styroporbox, die wiederum rutschsicher ausgepolstert wird. Mit Spiderlingen verfährt man ebenso, nur dass sie in entsprechend ausgestattete Filmdöschen gesetzt werden. Spinnen in der Häutungsphase werden natürlich nicht verschickt, und auch bei extrem hohen oder tiefen Temperaturen verzichtet man auf den Versand.

3. Artenteil

Einleitung

Der Großteil der in diesem Buch vorgestellten Arten ist schon seit einigen Jahren in deutschen Terrarien eingeführt und wird zumeist kontinuierlich und in ausreichender Menge nachgezüchtet. Daher ist es in der Regel nicht erforderlich, beim Erwerb auf Wildfänge zurückzugreifen. Die Beschaffung von Nachzuchten über den versierten Zoofachhandel, über Privatzüchter oder über Börsen dürfte also kein allzu großes Problem darstellen. Die Auswahl der Arten ist sicher subjektiv, doch soll sie auch lediglich einen kleinen Einblick in die Vielzahl der zurzeit gezüchteten Spezies bieten. Für Recherchen über die Haltungsbedingungen weiterer Arten eignet sich die unten angeführte Literatur.

Obwohl sich dieses Buch in erster Linie an Anfänger richtet, sind nicht alle hier aufgeführten Arten auch für Einsteiger geeignet. Erfahrungsgemäß kaufen sich aber Anfänger dennoch oft bestimme „Wunscharten", sodass ich es für angemessen hielt, auch solche beliebten, aber etwas heiklen oder aggressiven Arten aufzunehmen; ich weise jedoch im jeweiligen Kapitel auf eine solche Problematik hin.

Die empfohlenen Terrarienmaße sind in Klammern an entsprechender Stelle angegeben. Dabei folge ich dem Schema Breite x Höhe x Tiefe (B x H x T). Temperaturen und Luftfeuchtigkeit überprüft man mit den im Handel erhältlichen Thermo- und Hygrometern, am besten solchen mit Anzeige von Maxima und Minima.

Die Arten werden in der alphabetischen Reihenfolge ihres wissenschaftlichen Namens aufgeführt. Hinter diesem *kursiv* gesetzten Namen folgen in Kapitälchen der Erstbeschreiber der jeweiligen Art (also der Forscher, der die Art erstmals wissenschaftlich beschrieben und benannt hat) sowie das Jahr, in dem die Erstbeschreibung veröffentlicht wurde. Ist beides in Klammern gesetzt, wurde die Art ursprünglich einer anderen Gattung als heute zugeordnet.

Avicularia metallica (Ausserer, 1875)

Beschreibung
Avicularia metallica ist eine der bekanntesten Vogelspinnenarten überhaupt. Weibchen werden bis zu 7 cm groß. Die Spinnen sind bis auf die Tarsen einheitlich schwarz gefärbt. Diese sind am Ende, bei den Tarsalklauen, rosa abgesetzt. Vor allem die Gliedmaßen weisen viele längere Haare auf, die an den Spitzen grau auslaufen und der Spinne ein „buschiges" Aussehen verleihen. Nach einer Häutung glänzen die Tiere metallisch blauschwarz – daher der wissenschaftliche Artname. Die Scopulae der Extremitäten sind deutlich ausgeprägt, was diese Art als Baumbewohnerin ausweist. Durch Lichtbrechung zeigt sich darauf ein prächtiges Farbenspiel in allen Tönen des Regenbogens. Der Körper der Jungtiere ist ebenfalls schwarz, aber auf dem Opisthosoma findet sich ein orangerotes Tannenbaummuster. Ihre Extremitäten sind bis auf die schwarzen Tarsen beige gefärbt.

Vorkommen
Avicularia metallica lebt in Surinam. Dort bewohnt sie weite Teile des tropischen Regenwaldes. Als typische Baumbewohnerin trifft man sie auch in Bromelien an.

Haltung
Aufgrund ihrer arboricolen (baumbewohnenden) Lebensweise benötigen *Avicularia metallica* und auch beispielsweise die nahe verwandte Art *A. avicularia*, die fast identische Pflegeansprüche stellt, ein entsprechend hohes Terrarium (25 x 40 x 25 cm). Der Bodengrund sollte 5 cm hoch eingefüllt werden. Da diese Art gerne klettert, ist es angebracht, ausreichend Äste oder auch eine Bepflanzung einzubringen. Als Versteck kann man eine senkrecht stehende Korkrindenröhre anbieten. Lässt man den künstlichen Unterschlupf weg, fertigt *A. metallica* ausgedehnte Wohngespinste an, an deren Ausgang sie auf Beute lauert. Obwohl baumbewohnende Vogelspinnen ihren Wasserbedarf in der Regel durch Sprühtropfen an den Scheiben decken, sollte der obligatori-

Avicularia metallica Foto: C. Stehr

sche Wassernapf nicht fehlen. Er trägt auch dazu bei, die benötigte relative Luftfeuchte von 90 % zu halten. Die Terrarientemperaturen liegen bei 25 °C. Der Boden sollte immer leicht feucht gehalten werden.

Als Futter können Heimchen, Grillen und Wanderheuschrecken gereicht werden. Größere Fluginsekten, wie Nachtfalter, werden als Abwechslung sehr gerne genommen.

Zucht

Die Nachzucht ist recht einfach. Nach einer nur wenige Minuten dauernden Paarung trennen sich die Geschlechter friedlich voneinander. Nach 7–8 Wochen schlüpfen aus einem Kokon meist um die 100 Jungtiere. Männchen werden bei guter Fütterung nach etwa eineinhalb, Weibchen nach ungefähr zweieinhalb Jahren geschlechtsreif. Die Männchen

Avicularia versicolor Foto: C. Stehr

leben dann noch etwa ein dreiviertel Jahr. Weibchen können bis zu zwölf Jahre alt werden.

Verhalten

Bei *Avicularia metallica* handelt es sich um eine sehr friedliche Vogelspinnenart, die aber, wenn sie sich gestört fühlt, auch kräftig bombardieren kann. Gerade die Brennhaare der *Avicularia*-Arten verursachen, wie ich schon am eigenen Leib erfahren konnte, bei empfindlichen Personen starke Hautirritationen. *Avicularia*-Arten haben oft die Angewohnheit, sich ausgiebig zu sonnen, sodass eine Terrarienbeleuchtung bei diesen Vogelspinnenarten durchaus Sinn ergibt.

Avicularia versicolor (WALCKENAER, 1837)

Beschreibung

Avicularia versicolor zählt zu den schönsten *Avicularia*-Arten. Weibchen erreichen eine Körperlänge von bis zu 7 cm. Die Grundfarbe ist Schwarz. Der Carapax schimmert silbrig bis grünmetallisch. Das Opisthosoma weist eine dichte feuerrote Langbehaarung auf. Die langen Haare auf den Extremitäten schimmern je nach Lichteinfall silbrig bis feuerrot. Jungtiere schimmern stahlblau und weisen auf dem Hinterkörper eine bläuliche Streifenzeichnung auf.

Vorkommen

Diese Art stammt von Martinique und Guadeloupe. *Avicularia versicolor* ist eine typische Baumbewohnerin des tropischen Regenwaldes.

Haltung

Wie auch *Avicularia metallica* benötigt diese Art ein geräumiges Hochterrarium (25 x 40 x 30 cm) mit vielen Klettermöglichkeiten, ca. 5 cm Bodengrund und einem Wassernapf. Auch ihr sollte eine senkrecht stehende Korkrindenröhre als Versteckmöglichkeit angeboten werden. Allerdings fertigt *A. versicolor* ebenfalls große Wohngespinste an. Die Haltungstemperaturen liegen bei 25 °C, die relative Luftfeuchte bei 80–90 %. Wie bei *A. metallica* sollte der Boden immer etwas feucht gehalten werden.

Als Futter werden neben Heimchen und Grillen auch Wanderheuschrecken und größere Fluginsekten genommen.

Zucht

Die Nachzucht gestaltet sich etwas schwieriger als bei *Avicularia metallica*, da bei dieser Art die Gefahr besteht, dass das Männchen nach erfolgter Paarung vom Weibchen gefressen wird. Aus einem Kokon schlüpfen meist 70–150 Spiderlinge, die nach 1,5–2,5 Jahren die Geschlechtsreife erlangen. Die Männchen leben dann noch höchstens ein dreiviertel Jahr. Weibchen haben eine Lebenserwartung von etwa zwölf Jahren.

Verhalten

Avicularia versicolor ist eine generell friedliche Vogelspinnenart, die aber bei Störungen auch gerne mal bombardiert. Wie auch ihre Verwandte *A. metallica* sonnt sie sich gerne (R. BODANSKI, pers. Mittlg.). Also ist es auch hier sinnvoll, eine Beleuchtung in Form eines Spotstrahlers anzubringen.

Brachypelma albopilosum (VALERIO, 1980)

Beschreibung

Bei *Brachypelma albopilosum* dürfte es sich neben *B. smithi* und *Avicularia avicularia* um eine der bekanntesten Vogelspinnenarten überhaupt handeln. Sie wurde Ende der 1970er-, Anfang der 1980er-Jahre sehr häufig nach Deutschland eingeführt. Als ich vor 20 Jahren mit der Vogelspinnenhaltung begann, war dies meine erste Art.

Weibchen erreichen eine Körperlänge von bis zu 7 cm. Die Grundfarbe der Art ist ein dunkles Braun. Der Vorderkörper schimmert leicht golden. *B. albopilosum* ist an den Beinen und am Hinterleib von vielen langen, krausen, weißlichen Haaren übersät, weswegen sie im Deutschen auch Kraushaarvogelspinne genannt wird. Eine Streifenzeichnung ist nur auf den Patellen leicht ausgeprägt.

Vorkommen

Diese Art stammt aus Costa Rica. Dort lebt sie im subtropischen bis tropischen Regenwald. Sie baut nur kurze Höhlen.

Haltung

Entsprechend der Herkunft sollte *Brachypelma albopilosum* bei einer relativen Luftfeuchte von ca. 70–80 % und Temperaturen von rund 25 °C gehalten werden. In das Terrarium mittlerer Größe (25 x 25 x 30 cm) wird der Bodengrund ca. 5 cm hoch eingefüllt und immer etwas feucht gehalten. Als Versteck kann ein gewölbtes Stück Korkrinde angeboten werden. Da es sich wie bei allen *Brachypelma*-Arten um einen reinen Bodenbewohner handelt, ist eine Bestückung des Beckens mit Kletterästen und/oder Pflanzen nicht erforderlich. Natürlich darf ein Wassernapf im Terrarium nicht fehlen.

Als Futter können Heimchen, Grillen, Heuschrecken und – bei großen Exemplaren – auch nestjunge Mäuse gereicht werden. Schaben werden meistens verschmäht. *Brachypelma albopilosum* neigt wie die anderen Arten dieser Gattung bei Übersättigung dazu, ausgedehnte Ruhephasen von mehre-

Brachypelma albopilosum Foto: C. Stehr

ren Wochen bis Monaten einzulegen, die die Spinne fast ausschließlich im Versteck überdauert.

Zucht

Die Nachzucht von *Brachypelma albopilosum* stellt kein Problem dar. Nachdem das Männchen in das Terrarium des Weibchens gesetzt wurde, kommt es recht schnell zur Balz, die etwa eine halbe bis eine Stunde dauert. Nach der Kopulation trennen sich beide Geschlechter wieder friedlich. Ein Kokon enthält durchschnittlich 500–600 Eier, aus denen winzige Jungtiere schlüpfen. Die Aufzucht bereitet in der Regel keine Schwierigkeiten. Männchen können bei entsprechender Pflege schon nach zweieinhalb, Weibchen nach 3–4 Jahren die Geschlechtsreife erreichen. Die Männchen leben nach der Reifehäutung noch maximal ein Jahr. Weibchen können über 20 Jahre alt werden.

Brachypelma angustum Foto: M. Meinhardt

Verhalten
Es handelt sich um eine äußerst friedliche Vogelspinnenart, die allerdings manchmal zum Bombardieren neigt. Mit zunehmendem Alter wird sie aber deutlich ruhiger und bombardiert dann weniger, wenn man sie anfassen muss.

Brachypelma angustum (VALERIO, 1980)

Beschreibung
Brachypelma angustum erinnert im Erscheinungsbild stark an *B. vagans*, sodass diese beiden Arten oft verwechselt werden. Weibchen von *B. angustum* erreichen eine Körpergröße von bis zu 7 cm. Die Grundfarbe der Spinnen ist Dunkelbraun. Auf dem Hinterleib finden sich viele längere rostbraune Haare. Eine Streifenzeichnung auf den Beinen ist nur schwach ausgeprägt.

Vorkommen
Diese Art stammt aus Costa Rica. Dort bewohnt sie das Hochland nördlich von San José, wo mäßig starke Niederschläge herrschen. Wie viele andere *Brachypelma*-Arten baut sie nur kurze Höhlen ins Erdreich.

Haltung
Eine Haltung in einem Terrarium mittlerer Größe (25 x 25 x 30 cm) bei einer relativen Luftfeuchte von 60–70 % und Temperaturen von 20–25 °C sowie ein leicht feuchter Boden sind dieser Art angemessen. Da sie im Terrarium gerne stärker gräbt, sollte der Bodengrund deutlich höher als 5 cm eingefüllt und mit einem Stück Korkrinde versehen werden, um ihr die Möglichkeit zu geben, eine Höhle anzulegen. Auch hier sollte ein Wassernapf nicht fehlen.

Als Futter können Heimchen und Grillen gereicht werden. An Heuschrecken und Schaben geht die Spinne weniger gerne. Nestjunge Mäuse werden dagegen angenommen.

Zucht

Bei einer Nachzucht, die in der Regel ohne weitere Probleme gelingen dürfte, kann mit mindestens 500 winzigen Spiderlingen gerechnet werden. Diese wachsen innerhalb von 3–4 Jahren bis zur Geschlechtsreife heran. Weibchen können ein Alter von über 20 Jahren erreichen.

Verhalten

Brachypelma angustum ist etwas hektisch; die Tiere ziehen sich schnell in ihr Versteck zurück, sowie man die Terrarienscheibe öffnet. Auch wenn es sich um eine bombardierende Art handelt, neigen zumindest meine Exemplare nicht zu diesem Verhalten.

Brachypelma auratum (SCHMIDT, 1992)

Beschreibung

Brachypelma auratum erinnert in der Färbung stark an *B. smithi*. Deshalb wurde die Art lange Zeit fälschlich als „*smithi*-Hochlandform" bezeichnet. Erst 1992 wurde sie in beiden Geschlechtern von SCHMIDT als eigene Art *B. auratum* beschrieben.

Weibchen erreichen eine Körperlänge von ca. 6 cm. Die Grundfärbung der Art ist Braunschwarz. Der Vorderkörper ist von einem schmalen hellen Rand gesäumt. Der dunkle Hinterkörper ist kontrastreich von rostbraunen langen Haaren übersät. Die Patellen sind durch eine rote Zeichnung deutlich hervorgehoben, während die Gelenke der Folgeglieder durch eine helle Stelle abgesetzt sind.

Vorkommen

Diese Art stammt aus Mexiko, wo sie das Hochland südöstlich von Mexiko-Stadt bewohnt. Dort herrschen mäßige Niederschläge. Die Spinne baut nur kurze Höhlen ins Erdreich.

Haltung

Entsprechend der Herkunft sollte *Brachypelma auratum* bei einer relativen Luftfeuchte von 60–70 % und Temperaturen von 20–25 °C gehalten, der Bodengrund etwa einmal wöchentlich in einer Ecke angefeuchtet werden. Ein mittelgroßes Terrarium (25 x 25 x 30 cm) mit ca. 5 cm Bodengrund und einem flachen Stück Korkrinde als Versteckmöglichkeit sowie einem Wassernapf reicht für die Haltung dieser Art völlig aus.

Meine Tiere fressen am liebsten Heimchen und Grillen.

Zucht

Die Nachzucht dieser überaus hübschen Art ist nicht ganz unproblematisch. Nach einer Inkubationszeit von etwa 8–9 Wochen schlüpfen ca. 500 Jungspinnen aus einem Kokon. Die weitere Aufzucht der Spiderlinge stellt kein Problem dar. Allerdings werden Männchen bei der üblichen Haltung erst nach ungefähr fünf Jahren, Weibchen sogar erst nach 6–7 Jahren geschlechtsreif. Wie bei den anderen *Brachypelma*-Arten leben die Männchen nach der Reifehäutung noch maximal ein Jahr, während Weibchen bei guter Pflege ein Alter von 30 Jahren und darüber hinaus erreichen können (SCHULTZ & SCHULTZ 1998).

Verhalten

Brachypelma auratum ist eine äußerst ruhige und friedliche Vogelspinnenart, die bei Störung eher in die Defensive geht und nur wenig bombardiert.

Brachypelma boehmei (SCHMIDT & KLAAS, 1993)

Beschreibung

Brachypelma boehmei erreicht im weiblichen Geschlecht eine Körperlänge von bis zu 7 cm. Es handelt sich um eine äußerst kontrastreich gefärbte Art. Die Grundfarbe ist ein kräftiges Schwarzbraun. Während der Vorderkörper goldorange schimmert, ist der ansonsten schwarzbraun gefärbte Hinterkörper mit vielen orangefarbenen Haaren übersät. Ebenso kontrastreich setzen sich die kräftig orange gefärbten Patellen, Tibien und Metatarsen von den schwarzen Femora und braunen Tarsen der Gliedmaßen ab.

Brachypelma auratum Foto: C. Stehr

Vorkommen

Diese Art bewohnt einen schmalen Küstenstreifen Mexikos. Dort wurde sie auch auf Geröllhalden gefunden. In freier Natur soll *Brachypelma boehmei* Höhlengänge von bis zu 2 m Tiefe graben, in die sich die Tiere bei Trockenperioden, in denen Temperaturen von über 30 °C herrschen können, zurückziehen.

Haltung

Brachypelma boehmei gräbt in Menschenhand nicht besonders viel. Daher reicht im Terrarium mittlerer Größe (25 x 25 x 30 cm) ein Bodengrund von ca. 5–7 cm völlig aus. Zum Versteck aus Korkrinde kommt noch ein Wassernapf ins Becken. Die Haltungstemperaturen liegen bei 25–30 °C, die relative Luftfeuchte bei 60–70 %. Der Boden sollte stets leicht feucht sein.

Diese Art ist nicht besonders wählerisch und spricht gut aufs Futter an, sodass neben Heimchen und Grillen auch Heuschrecken, Schaben und nestjunge Mäuse gereicht werden können.

Zucht

Die Zucht ist relativ einfach. Aus einem Kokon schlüpfen 600 und mehr winzige Spiderlinge, die

Brachypelma boehmei Foto: M. Schmidt

in 3–4 Jahren bis zur Geschlechtsreife heranwachsen. Weibchen können ein Alter von über 20 Jahren erreichen.

Verhalten

Brachypelma boehmei bombardiert bei Störung sehr schnell und kräftig. Tiere dieser Art sind recht hektisch und neigen, wenn das Bombardieren nichts hilft, zur Flucht. Im Umgang mit *B. boehmei* sollte man also etwas vorsichtiger sein.

Brachypelma emilia (White, 1856)

Beschreibung

Bei *Brachypelma emilia* handelt es sich um eine der schönsten Vogelspinnen. Weibchen werden bis zu 6 cm groß. Die Grundfarbe der Art ist Schwarz. Der Kopfteil setzt sich als schwarzes Dreieck, das von den Chelizeren beginnend spitz zur Prosomagrube hin ausläuft, vom ansonsten hellorange gefärbten Vorderkörper deutlich ab. Auf dem

Brachypelma emilia Foto: C. Stehr

Brachypelma smithi Foto: C. Stehr

schwarzen Hinterkörper finden sich zahlreiche längere rostrote Haare. Die Gliedmaßen sind bis auf die kräftig rötlich gefärbten Tibien der Beine ebenfalls schwarz gefärbt. Besonders nach einer Häutung entsteht so ein kräftiger Kontrast zwischen Schwarz und Orange/Rot.

Vorkommen
Brachypelma emilia stammt aus den südlichen Gebieten der Sierra Madre del Sur, einem trockenen Gebirgszug in Mexiko mit nur spärlichem Pflanzenbewuchs. Dort herrschen Temperaturen bis über 30 °C und nur geringe Niederschläge. Die Art gräbt tiefe Höhlengänge unter großen Steinen.

Haltung
Brachypelma emilia mag es relativ trocken. In einem mittelgroßen Becken (25 x 25 x 30 cm) mit mindestens 7 cm Bodengrund, der in einer Ecke etwa einmal wöchentlich angefeuchtet wird, und einem Korkstück als Versteckmöglichkeit sowie einem Wassernapf sollte die relative Luftfeuchte nur ca. 60 % betragen. Die Temperaturen können bei 25–30 °C liegen.

Als Futter dienen Heimchen und Grillen. Größere Futtertiere werden von der Spinne oftmals verschmäht. *Brachypelma emilia* ist ein wahrer Hungerkünstler. Nach SCHULTZ & SCHULTZ (1998) lebte ein adultes Weibchen nach einer missglückten Häutung trotz verkümmerter Mundwerkzeuge über 25 Monate weiter, bevor es starb.

Zucht
Die Nachzucht gestaltet sich wie bei den meisten anderen Arten dieser Gattung recht einfach. Aus einem Kokon schlüpfen 500–600 Jungtiere. Allerdings wachsen diese unter Normalbedingungen nur sehr langsam heran, sodass Männchen erst nach 5–6 Jahren, Weibchen sogar erst nach 6–7 Jahren geschlechtsreif werden. Weibchen können ein hohes Alter erreichen.

Verhalten
Bei *Brachypelma emilia* handelt es sich um eine hektische Vogelspinnenart, die bei Störung auch schnell bombardiert. Wenn dieses Abwehrverhalten nicht zum Erfolg führt, ergreift die Spinne gerne die Flucht und kann dann recht ausdauernd laufen.

Brachypelma smithi (F. O. P.-CAMBRIDGE, 1897)

Beschreibung
Brachypelma smithi ist die wohl bekannteste Vogelspinnenart überhaupt. Sie wurde Mitte der 1980er-Jahre verstärkt nach Deutschland eingeführt. Aufgrund ihrer großen Beliebtheit und der infolgedessen stark angestiegenen Wildimporte war sie die erste Vogelspinnenart, die Anfang der 1990er-Jahre durch das Washingtoner Artenschutzabkommen auf Anhang B unter Schutz gestellt wurde. Nachdem Mexiko ein striktes Ausfuhrverbot für Tiere und Pflanzen erließ, haben sich die Bestände in freier Wildbahn bis heute wieder gut erholt.

Mit einer Körperlänge von bis zu 8 cm im weiblichen Geschlecht gehört diese Spinne zu den großen *Brachypelma*-Arten. Sie ist ähnlich gefärbt wie *B. auratum*. Die Grundfarbe ist Schwarzbraun, der dunkle Vorderkörper beige umrandet. Dieser Rand ist im hinteren Drittel etwas breiter und leicht verwaschen. Auf dem ebenfalls dunklen Hinterleib finden sich einzelne beige lange Haare. Die Gliedmaßen sind schwarzbraun gefärbt, die Gelenke nach den orangen Patellen hell abgesetzt. Die Beine sind mit vielen langen beigen Haaren übersät.

Vorkommen
Die Art lebt in den trockenen Zonen Mexikos. Dort herrschen Temperaturen von 30 °C und mehr. Laut P. KLAAS (pers. Mittlg.) soll sie auch auf Müllkippen in großer Anzahl und Dichte anzutreffen sein, wo sie in kurzen Höhlengängen lebt.

Haltung
Entsprechend der Größe sollte *Brachypelma smithi* in einem geräumigen Terrarium (30 x 40 x 30) untergebracht werden, in das der Bodengrund ca. 5 cm hoch eingefüllt wird. Als Versteck kann ein flaches Stück Korkrinde dienen. Ein Wassernapf sollte nicht fehlen. Die relative Luftfeuchte sollte bei 50–70 % liegen, die Temperatur bei 25–30° C.

Bei meinen Tieren feuchte ich den Boden in einer Ecke einmal wöchentlich etwas an.

Als Futter reichen die handelsüblichen Futterinsekten und hin und wieder auch nestjunge Mäuse völlig aus.

Zucht

Bei der Paarung muss ein wenig auf das Männchen geachtet werden, da es vorkommen kann, dass das Weibchen dieses nach der Trennung attackiert. Aus einem Kokon schlüpfen nach 8–10 Wochen bis zu 1000 Spiderlinge, die nur sehr langsam heranwachsen. Die Männchen werden mit 5–6, Weibchen erst mit 6–8 Jahren geschlechtsreif. Bei entsprechender Pflege können Weibchen ein Alter von bis zu 30 Jahren erreichen.

Verhalten

Brachypelma smithi ist eine der ruhigsten und friedlichsten Vogelspinnenarten, die ich kenne. Etwas Vorsicht sollte man dennoch walten lassen, da jüngere Exemplare sich eventuell erst mal auf alles stürzen, was sich bewegt, in der Hoffnung, Beute zu machen. Aber nach ein, zwei Versuchen lassen sie dann davon ab, bombardieren leicht und gehen in die Defensive. Alte Tiere lassen sich problemlos mit der Hand berühren.

Cyriocosmus elegans (SIMON, 1889)

Beschreibung

Cyriocosmus elegans gehört zu den kleinen Vogelspinnenarten. Weibchen werden maximal 2,5 cm groß, Männchen bleiben deutlich darunter. Die Spinne ist ausgesprochen kontrastreich gefärbt. Die Grundfarbe ist Schwarz. Der Carapax ist bis auf den dreieckigen, schwarzen Kopfteil kupfern. Auf dem schwarzen Hinterleib findet sich in der Mitte ein herzförmiger kupferner Fleck. An den Flanken stehen jeweils vier beige Querstreifen. Die Extremitäten sind ab den Patellen oberseits weiß.

Vorkommen

Die Art ist in Venezuela, Trinidad, Brasilien und Bolivien beheimatet. Dort bewohnt sie tiefere Höhlen.

Haltung

Ein Kleinterrarium (20 x 20 x 30 cm) reicht für diese Art zur Haltung aus. Der Bodengrund sollte allerdings 10 cm hoch eingefüllt werden, um dem starken Grabbedürfnis dieser Art gerecht zu werden. Der Boden wird ständig feucht gehalten. Haltungstemperaturen um die 25 °C und eine Luftfeuchtigkeit von 70–80 % sind angemessen.

Cyriocosmus elegans nimmt nur Futterinsekten an, die deutlich kleiner als die Spinne selbst sind.

Zucht

Die Nachzucht erweist sich aufgrund schwer beschaffbarer Geschlechtspartner manchmal als problematisch. Die Paarung selbst verläuft allerdings völlig friedlich. Leider kommt nicht immer ein Kokonbau zustande. Hat man Glück, schlüpfen aus einem Kokon nach ca. sechs Wochen 30–40 Jungtiere, die allerdings sehr klein sind. Als Anfangsfutter muss man dann auf frisch geschlüpfte Heimchen oder flugunfähige *Drosophila* (Fruchtfliegen) bzw. auf Springschwänze zurückgreifen. Diese Art erreicht die Geschlechtsreife nach spätestens zwei Jahren. Die Lebenserwartung beträgt beim Weibchen nur etwa sieben Jahre.

Verhalten

Bei *Cyriocomus elegans* handelt es sich zwar um eine Bombardierspinne, doch wird man ein entsprechendes Verhalten bei ihr nur selten beobachten können, da sie nach meiner Erfahrung die meiste Zeit über in der Höhle verbringt und diese nur äußerst selten verlässt.

Eupalaestrus campestratus (SIMON, 1891)

Beschreibung

Diese im weiblichen Geschlecht bis zu 10 cm groß werdende Art ist schokoladenbraun gefärbt und hat auf den Gliedmaßen beige Doppelstreifen in Längsrichtung. Die weißliche Langbehaarung verleiht der Art einen silbrigen Schimmer. Die Lebenserwartung dürfte bei 15–18 Jahren liegen.

Vorkommen

Eupalaestrus campestratus ist in Argentinien, Paraguay und Brasilien beheimatet. Er bewohnt

Cyriocosmus elegans Foto: M. Meinhardt

nur flache Unterschlüpfe unter Steinen, umgefallenen Baumstämmen oder in Baumstümpfen.

Haltung

Angesichts der enormen Größe dieser Art sollte ein sehr geräumiges Terrarium (60 x 30 x 30 cm) für die Haltung gewählt werden. Der Bodengrund wird mindestens 5 cm hoch eingefüllt. Als Versteck reicht ein Stück Korkrinde völlig aus. Selbstverständlich darf ein Wassernapf nicht fehlen. Da es die Art eher trocken mag, reicht eine relative Luftfeuchte von etwa 60–70 %, die Haltungstemperaturen liegen bei 25–28 °C. Den Bodengrund feuchte ich in der Regel einmal pro Woche leicht an.

Zucht

Die Paarung verläuft bei dieser Art nicht immer friedlich, sodass man immer einen langen Gegenstand wie etwa eine Pinzette zur Hand haben sollte, um dem Männchen eventuell zu Hilfe eilen zu

Eupalaestrus campestratus Foto: C. Stehr

können. Nach einer Zeitigungsdauer von bis zu 13 Wochen schlüpfen meist um die 600 Jungtiere aus dem Kokon, die zwar noch sehr klein sind, sich aber bei entsprechender Fütterung völlig problemlos aufziehen lassen.

Verhalten

Es handelt sich um eine äußerst friedliche Vogelspinnenart, die sich problemlos handhaben lässt. Auch wenn es sich bei *Eupalaestrus campestratus* um eine Bombardierspinne handelt, zeigt sie ein solches Abwehrverhalten fast nie. Entsprechend ihrer Größe überwältig diese Art auch große Beutetiere, wie Wanderheuschrecken und Totenkopfschaben.

Grammostola grossa AUSSERER, 1871

Beschreibung

Grammostola grossa erreicht im weiblichen Geschlecht eine Körperlänge von bis zu 11 cm und gehört damit zu den größten Vogelspinnen überhaupt. Die Grundfarbe ist Schokoladenbraun. Der Hinterleib zeigt eine rötliche Langbehaarung.

Grammostola grossa Foto: C. Stehr

Auf dem Carapax finden sich einige silbrig schimmernde Haare. Die feinen Brennhaare auf dem Opisthosoma sind zu einen silbrig schimmernden Fleck angeordnet. Ältere Tiere sollen laut KLAAS (1989) am ganzen Körper grün schimmern.

Vorkommen

Diese Art stammt aus Brasilien, Paraguay, Uruguay und Argentinien, wo sie in trockenen Graslandschaften ihre Höhlen gräbt. Dort können die Temperaturen tagsüber auf über 30 °C ansteigen.

Haltung

Entsprechend ihrer enormen Größe braucht *Grammostola grossa* ein sehr geräumiges Terrarium (60 x 30 x 30 cm). Der Bodengrund sollte mindestens 10 cm hoch eingefüllt werden. Als Versteck kann ein Stück Korkrinde dienen. Ein Wassernapf sollte natürlich nicht fehlen. Die Haltungstemperaturen sollten bei 25 °C liegen, die relative Luftfeuchte bei 60–70 %. Bei meinen Tieren feuchte ich den Bodengrund etwa einmal wöchentlich in einer Ecke etwas an.

Die Spinne frisst jegliche Art von Futterinsekten. Große Exemplare gehen auch an ausgewachsene Mäuse.

Zucht

Die Nachzucht ist fast völlig unproblematisch. Allerdings kommt es manchmal bei der Paarung zu Aggressionen zwischen den Geschlechtern. Aus einem Kokon können über 500 Spiderlinge schlüpfen, die bei entsprechender Pflege nach 4–5 Jahren die Geschlechtsreife erlangen. Männchen leben nach der Reifehäutung noch bis zu drei Jahre weiter. Weibchen können ein Alter von 25 Jahren erreichen.

Verhalten

Jungtiere sind gierige Fresser, die sich auf alles stürzen, was sich bewegt. Zur Verteidigung setzen sie sehr gerne ihre Brennhaare ein. Erst ältere Exemplare von *Grammostola grossa* werden deutlich ruhiger und klopfen, wie ich oft beobachten konnte, zur Verteidigung mit den Vorderbeinen kurz kräftig auf den Boden. Erst dann gehen sie in die Defensivhaltung.

Grammostola rosea (Walckenaer, 1837)

Beschreibung

Weibchen dieser Art werden bis zu 6 cm groß. Die Grundfarbe der Spinnen ist ein helles Braun. Das Opisthosoma ist von vielen längeren rostroten Haaren übersät. Die typische Streifenzeichnung auf den Extremitäten ist nur schwach ausgebildet. Der Carapax ist rostrot gefärbt. Allerdings ist zu beachten, dass die Art je nach Fundort unterschiedlich gefärbt sein kann, sodass manchmal auch dunkler gefärbte Tiere auftreten.

Vorkommen

Die Verbreitung von *Grammostola rosea* erstreckt sich über Argentinien und weite Gebiete Chiles bis nach Bolivien. Sie bewohnt in trockenen Graslandschaften tiefe Höhlengänge.

Haltung

Ein Terrarium mittlerer Größe (25 x 25 x 30 cm) mit mindestens 10 cm hoch eingefülltem Bodengrund reicht völlig aus. Als Versteck kann Korkrinde verwendet werden. *Grammostola rosea* gräbt gerne ausgedehnte Wohnhöhlen. Natürlich darf der Wassernapf nicht fehlen. Die Temperatur sollte 25 °C betragen, darf lokal aber auch höher liegen. 60–70 % relative Luftfeuchtigkeit und ein stellenweise leicht angefeuchteter Boden sind zu empfehlen. Man sollte der Art eine Winterruhe bei leicht herabgesetzten Temperaturen gönnen.

Als Futter können Heimchen und Grillen gereicht werden.

Zucht

Die Nachzucht dieser Art bereitet keinerlei Probleme. Aus einem Kokon schlüpfen in der Regel 500–600 Jungspinnen, die mit etwa fünf Jahren geschlechtsreif werden. Weibchen erreichen ein Alter von 20 Jahren.

Leider wird diese Art nicht mehr so regelmäßig vermehrt, da die vielen Nachzuchten in den 1990er-Jahren zu einem starken Preisverfall bei den Jungtiere führten, sodass die Zucht von *Grammostola rosea* als nicht mehr lohnenswert angesehen wurde. Außerdem wird diese Art in großen Stückzahlen importiert und dementsprechend sehr günstig angeboten. Um der Ausbeutung der Wildbestände entgegenzuwirken, wären verstärkte Nachzuchtbemühungen empfehlenswert.

Verhalten

Bei *Grammostola rosea* handelt es sich um eine echte Bombardierspinne, die bei Störung kräftig und ausgiebig von ihren Brennhaaren Gebrauch macht. Erst mit zunehmendem Alter werden die Tiere ruhiger und lassen sich dann als friedliche Art gut aufnehmen. Besonders diese *Grammostola*-Art ist bekannt für längere Fresspausen.

Lasiodora cristata (Mello-Leitão, 1923)

Beschreibung

Weibchen können eine Körperlänge von bis zu 7 cm erreichen. Die Grundfarbe der Art ist Schwarz, der Carapax beige. Das Opisthosoma ist mit vielen langen roten Haare übersät. Die Gelenke der Gliedmaßen sind durch einen weißen Ring

Grammostola rosea Foto: T. Ziegler

deutlich abgesetzt. Auf Patella und Tibia finden sich zwei weiße Längsstreifen.

Die Lebenserwartung dürfte bei bis zu 20 Jahren liegen.

Vorkommen

Lasiodora cristata stammt aus Brasilien, wo sie in trockenen Waldgebieten und Bananenplantagen zu finden ist.

Haltung

Ein Terrarium mittlerer Größe (30 x 25 x 30 cm) mit 5 cm Bodengrund und einem Korkstück als Versteckmöglichkeit reicht zur Unterbringung völlig aus. Natürlich darf der Wassernapf nicht fehlen. Da diese Art aus Trockengebieten stammt, genügt eine Luftfeuchtigkeit von ca. 70 % bei 25–30 °C und zur Hälfte stets angefeuchtetem Bodengrund.

Lasiodora cristata nimmt das übliche Futter, wie Grillen und Wanderheuschrecken, problemlos an.

Zucht

Ich habe die Art bisher noch nicht nachgezüchtet, da mein einziges Exemplar (ein Weibchen) noch nicht adult ist. Wie ich aber von Freunden und Bekannten erfahren habe, soll die Zucht relativ ein-

Lasiodora cristata Foto: C. Stehr

Lasiodora parahybana Foto: C. Stehr

fach sein. Ein Kokon kann bis zu 600 Jungtiere enthalten, die allerdings sehr klein sind und nur langsam heranwachsen.

Verhalten
Die Art ist wenig aggressiv und ergreift relativ schnell die Flucht. Sie baut recht kleine Wohnhöhlen, die nicht sehr tief ins Erdreich gehen.

Lasiodora parahybana (Mello-Leitão, 1926)

Beschreibung
Weibchen dieser Art erreichen eine Länge von 9–10 cm. Die Grundfarbe ist Schwarzbraun. Der Carapax ist von einem dünnen beigen Saum umrandet. Auf dem Opisthosoma sitzen viele lange rote Haare. Die Gelenke der Extremitäten sind leicht beige abgesetzt. Bei den Patellen beginnend, finden sich auf den einzelnen Gliedern jeweils zwei blass beige Längsstreifen. Männchen können nach der Reifehäutung noch bis zu vier Jahre weiterleben. Weibchen erreichen ein Alter von ca. 20 Jahren.

Vorkommen
Lasiodora parahybana stammt aus Brasilien. Dort kommt sie im Paraiba-Gebiet vor, das früher Parahuba hieß, wovon sich auch ihr Artname ableitet. Es handelt sich um eine relativ trockene Region.

Nhandu carapoensis Foto: C. Stehr

Haltung
Bei dieser Art wird ein großes Terrarium (40 x 25 x 30 cm) mit 5–10 cm Bodengrund benötigt. Die relative Luftfeuchte sollte 60–70 % betragen und der Boden immer feucht gehalten werden. Die Haltungstemperaturen liegen bei 25 °C mit einer leichten Nachtabsenkung. Ein Korkstück als Versteckmöglichkeit und ein Wassernapf runden die Einrichtung ab.

Neben den üblichen Insekten kann man großen Exemplaren auch Mäuse als Futter anbieten.

Zucht
Bei der Verpaarung muss ein wenig auf das Männchen geachtet werden, da das Weibchen es nach der Kopulation auch schon mal angreift.

Es können einige Monate vergehen, bevor es zum Kokonbau kommt. Die Zeitigungsdauer des Kokons beträgt ca. 10–12 Wochen. Die Schlupfrate ist enorm. In der Regel enthält ein Kokon über 1000 Spiderlinge. Es wurde aber auch schon von über 3000 Jungtieren berichtet (KLAAS 1997). Die Spiderlinge sind dementsprechend winzig und wachsen nur langsam heran.

Verhalten
Bei *Lasiodora parahybana* handelt es sich um eine sehr wehrhafte Vogelspinnenart. Sie setzt zur Verteidigung nicht nur ihre Brennhaare ein, sondern kann auch kräftig zubeißen. Nur mein altes Männchen ließ sich gut aufnehmen, die Weibchen dagegen sind recht aggressiv.

Nhandu carapoensis (LUCAS, 1983)

Beschreibung
Es handelt sich um eine mittelgroße Art; Weibchen werden maximal 6 cm lang. Die Grundfärbung ist ein Schwarzbraun. Die Gelenke der Gliedmaßen sind durch weiße Ringe abgesetzt. Ab der Patella weisen die Extremitäten zudem eine lange und dichte rotbraune Behaarung auf, die sich auch auf dem Hinterleib findet. Die Lebenserwartung dieser recht hübschen Art liegt wahrscheinlich bei ca. 20 Jahren.

Vorkommen
Nhandu carapoensis stammt aus Paraguay und dem angrenzenden Mato-Grosso-Gebiet in Brasilien.

Haltung
Entsprechend ihrer Größe benötigt die Art ein mittelgroße Terrarium (25 x 25 x 30 cm). Da sie nur flache und nicht allzu geräumige Höhlen gräbt, reicht es aus, wenn der Bodengrund ca. 5 cm hoch eingefüllt ist. Wie immer sollte ein Wassernapf nicht fehlen. Als Versteckmöglichkeit kann ein flaches Stück Korkrinde angeboten werden, unter dem die Spinne ihre Wohnhöhle anlegen kann. Die Haltungstemperaturen sollten bei 25–28 °C liegen, die relative Luftfeuchte hält man auf im Mittel 70 %. Ich feuchte daher den Boden mindestens einmal in der Woche gut an.

Zucht
Leider ist mir die Zucht in Ermangelung eines Männchens bisher noch nicht gelungen, da diese Art relativ selten gehalten wird und Männchen nicht allzu oft angeboten werden. Laut PETERS (2000) soll die Nachzucht aber einfach und sehr ergiebig sein, sodass wohl mit mehreren hundert Jungtieren zu rechnen sein dürfte. Diese sind dann aber noch sehr klein und wachsen nur langsam auf. So war mein Weibchen erst nach ca. 6 Jahren geschlechtsreif.

Verhalten
Bei *Nhandu carapoensis* handelt es sich um eine äußerst friedliche Bombardierspinne, die ihre Brennhaare nur selten zur Verteidigung einsetzt. Sie geht bei einer Störung eher in die Defensive und duckt sich dann, wobei sie ihre Beine an den Körper heranzieht.

Als Beute werden Heimchen und Grillen gerne und oft angenommen.

Poecilotheria ornata (POCOCK, 1899)

Beschreibung
Diese Art erreicht eine Körpergröße von 7–8 cm und hat dann eine Beinspannweite von über 20 cm.

Der Artname *ornata* leitet sich aus dem lateinischen Wort *ornatus* = geschmückt, schön, verziert ab, ein deutlicher Hinweis auf das äußerliche Erscheinungsbild. Die Grundfarbe ist ein dunkles Grau bis Anthrazit. Das beigefarbene Zickzackband auf dem Opisthosoma ist schwarz umrandet

Poecilotheria ornata Foto: M. Meinhardt

und verjüngt sich nach hinten hin. Von jedem der sechs Zacken geht zu beiden Seiten ein dünnes Querband ab. Die Behaarung des Opisthosomas ist kurz und glatt, sodass es seidig glänzt. Der beige Mittelstreifen auf dem anthrazitfarbenen Carapax teilt sich kurz nach der Prosomagrube und läuft zum Augenhügel hin auseinander. Der Augenhügel selbst ist ebenfalls beige gefärbt. Außerdem ist der Carapax von einem beigefarbenen Rand gesäumt, der auf der rechten und linken Seite stark verbreitert ist. Die Gelenke der Beine sind deutlich in derselben Farbe abgesetzt. Auf den Tibien der Beine zeigt sich eine doppelte beige Pünktchenreihe, und diagonal über den Metatarsen verläuft eine gelbe Linie. Auf den Tarsen sind außerdem zwei gelbe Flecken zu erkennen. Die Unterseite der ersten beiden Beinpaare ist gelb-schwarz geringelt. Die Scopula der Gliedmaßen irisiert im Tageslicht sehr schön in den Regenbogenfarben, was durch die Lichtbrechung an der sehr feinen Behaarung zustande kommt. Alle Gliedmaßen besitzen eine lange beige Behaarung. Auffallend sind zudem die mit langen roten Haaren gesäumten Chelizerengrundglieder.

Das Männchen ist nach der Reifehäutung graubraun gefärbt, wobei die schwach zu erkennende Zickzacklinie auf dem Opisthosoma schwarz ist. Außerdem besitzt das Opisthosoma nun eine rötliche Langbehaarung. Die Mittellinie auf dem Carapax ist noch deutlich ausgeprägt, wohingegen die Zeichnung auf den Beinen nur noch schwach erkennbar ist. Allerdings sind die beiden ersten Beinpaare von unten deutlich gelb-schwarz geringelt, und auch die Chelizerengrundglieder haben ihre rote Behaarung nicht verloren.

Die Lebenserwartung liegt bei ca. 12 Jahren. Männchen können nach der Reifehäutung noch mehr als zwei Jahre leben.

Es handelt sich um eine sehr schnelle und aggressive Art, deren Gift zu starken Schmerzen und leichten Lähmungserscheinungen sowie Krämpfen führen kann. Daher ist sie für Anfänger nicht geeignet.

Vorkommen

Poecilotheria ornata ist auf Sri Lanka im Gebiet um Ratnapura beheimatet und bewohnt dort Asthöhlen. Wie auch andere Vertreter dieser Gattung lebt diese Art in losen Kolonien, sodass man in einer Höhle mehrere dutzend Tiere aus verschiedenen Generationen und unterschiedlichen Geschlechts antreffen kann.

Haltung

Für die Haltung dieser Art empfiehlt sich ein Hochterrarium (30 x 40 x 30 cm). Der Bodengrund sollte etwa 5–7 cm hoch eingefüllt werden und immer feucht sein, damit die erforderliche Luftfeuchtigkeit von ca. 80–90 % gewährleistet ist. Eine gefüllte Wasserschale sollte nicht fehlen. Das Versteck sollte beispielsweise aus einer senkrecht stehenden Korkröhre an der Terrarienrückwand bestehen. Außerdem kann Letztere mit einer dicken Zierkorkplatte beklebt werden. Das sieht nicht nur gut aus, sondern dient auch als Befestigungsmöglichkeit für (Kunst-)Pflanzen. Als Klettermöglichkeiten bieten sich außerdem Äste und hochkant stehende Korkstücke an, die ebenfalls an der Korkrückwand befestigt werden können. Die Haltungstemperatur sollte unter 25 °C betragen.

Als Futter eignen sich neben Grillen auch große Schaben, Wanderheuschrecken und andere Insekten bis etwa zur Körpergröße der Spinne sowie nestjunge Mäuse.

Zucht

Die Balz kann sich über mehrere Nächte hinziehen. Die eigentliche Kopulation dauert dagegen nur wenige Sekunden. In einem ausreichend großen Becken verhalten sich die beiden Geschlechter völlig friedlich zueinander und bewohnen während der Balzphase tagsüber sogar dasselbe Versteck. Der Kokonbau findet mehrere Wochen bis Monate später statt. Es schlüpfen bis zu 140 Spiderlinge, die bei guter Pflege innerhalb von zwei Jahren die Geschlechtsreife erlangen können.

Verhalten

Wie viele andere asiatische Spezies ist auch *Poecilotheria ornata* eine aggressive Vogelspinnenart, die sich nicht scheut, zuzubeißen. Sie kann zudem ausgesprochen schnell laufen. Wie bei allen anderen *Poecilotheria*-Arten ist hier also Vorsicht im Umgang mit den Tieren geboten. Da sich *P. orna-*

Psalmopoeus cambridgei Foto: C. Stehr

ta gerne sonnt, sollte hier eine Lampe in Form eines Spotstrahlers angebracht werden.

Psalmopoeus cambridgei (Pocock, 1895)

Beschreibung
Die Grundfärbung ist beige, der Carapax schimmert grünlich. Über das Opisthosoma zieht sich ein schwarzer Längsstreifen, von dem aus mehrere dunkle Querbänder ausgehen. Auf den Tarsen und Metatarsen der Extremitäten findet sich ein kräftig orange gefärbter Strich. Die lange Beinbehaarung schimmert grünlich. Männchen sind deutlich schwächer gezeichnet und blasser gefärbt. Die stark ausgebildeten Scopulae zeichnen diese schöne Art als typischen Baumbewohner aus. Die Lebenserwartung liegt bei etwa zwölf Jahren.

Vorkommen
Psalmopoeus cambridgei stammt von der Insel Trinidad, auf der er in Küstennähe zu finden ist.

Haltung
Am besten wird diese Art in einem geräumigen Hochterrarium (25 x 40 x 30 cm) gepflegt, das mit reichlich Klettermöglichkeiten ausgestattet werden sollte. Als Versteck dient beispielsweise ein senkrecht an die Rückwand gelehntes Korkrindenstück. In einem größeren Terrarium kann auch eine Bepflanzung erfolgen. Je nach Einrichtung fertigt *Psalmopoeus cambridgei* ausgedehnte Wohngespinste an. Der immer gut feuchte Bodengrund sollte ca. 5 cm hoch eingefüllt werden. Die Haltungstemperaturen liegen bei ca. 25 °C, die relative Luftfeuchte bei 80–90 %.

Als Futter können neben Grillen und Heimchen auch Wanderheuschrecken gereicht werden.

Zucht
Die Nachzucht dieser Art ist recht einfach. Ein Kokon enthält 70–150 Jungtiere, die innerhalb von zwei Jahren die Geschlechtsreife erlangen können. Nach der Paarung kommt es manchmal vor, dass das deutlich kleinere Männchen vom Weibchen gefressen wird. War das Weibchen vor dem Bau des ersten Kokons gut genährt, baut es noch einen weiteren, aus dem allerdings deutlich weniger Jungtiere hervorkommen. Es wurde auch schon von einem dritten Kokon berichtet.

Verhalten
Es handelt sich um eine relativ aggressive Vogelspinnenart, die zwar kaum zum Bombardieren neigt, dafür aber auch mal zubeißen kann. Zudem ist sie als Baumbewohnerin sehr schnell.

Psalmopoeus irminia (Saager, 1994)

Beschreibung
Psalmopoeus irminia erreicht im weiblichen Geschlecht eine Körperlänge von bis zu 6 cm. Die Grundfarbe dieser sehr schönen Vogelspinnenart ist Schwarz. Auf dem Opisthosoma finden sich mehrere orange Querstreifen. Auf den Tarsen, Metatarsen und Tibien der Beine sowie den Tarsen der Pedipalpen befindet sich ein oranger Längsstreifen. Die stark ausgebildeten Scopulae irisieren im Licht in den Regenbogenfarben. Männliche Tiere sind deutlich blasser gefärbt. Die Lebenserwartung dürfte beim Weibchen bei ca. zwölf Jahren liegen.

Vorkommen
Diese baumbewohnende Art stammt aus Venezuela, wo sie am Anfang des Orinoco-Deltas weite Gebiete bewohnt.

Haltung
Die Haltungsbedingungen entsprechen denen von *P. cambridgei*. *Psalmopoeus irminia* kann oft dabei beobachtet werden, wie er bei Dämmerung im Terrarium umherläuft oder am Versteckeingang auf Beute lauert.

Als Futter werden in der Regel nur Heimchen und Grillen angenommen, seltener auch kleinere Wanderheuschrecken.

Zucht
Die Nachzucht verläuft völlig unproblematisch. Sollte eine Verpaarung nicht auf Anhieb klappen, kann man das Männchen ruhig einige Tage beim Weibchen belassen.

Etwa zwei Monate nach der Kopulation baut das Weibchen einen Kokon, aus dem nach ca. 6–7

Psalmopoeus irminia
Foto: C. Stehr

Theraphosa blondii Foto: M. Meinhardt

Wochen bis zu 150 Spiderlinge schlüpfen. Diese sind allerdings etwas anfällig gegen zu hohe Luftfeuchtigkeit, sodass bei unzureichenden Bedingungen mit geringen Verlusten gerechnet werden muss. Bei guter Pflege erreichen die Spiderlinge nach zwei Jahren die Geschlechtsreife.

Die Jungspinnen von *P. irminia* sind übrigens bis zur fünften Häutung völlig anders gefärbt als ältere Exemplare. Die Grundfarbe ist ein tiefes Schwarz, die Querstreifen auf dem Hinterleib sind beige gefärbt. Auch die Metatarsen der Beine sind komplett beige. Der Carapax ist bis auf den schwarzen Augenhügel einheitlich hellbraun gefärbt.

Verhalten

Psalmopoeus irminia ist recht friedlich und neigt nicht zum Bombardieren, dafür ist er aber auch hektisch und ergreift sehr schnell die Flucht. Wie auch sein Verwandter, *Psalmopoeus cambridgei*, fertigt *P. irminia* gerne große Wohngespinste an.

Theraphosa blondii (LATREILLE, 1804)

Beschreibung

Theraphosa blondii ist mit einer Körperlänge von bis zu 12 cm und einem Gewicht von bis zu 160 g (H. EHMKE, pers. Mittlg.) die größte derzeit bekannte Vogelspinnenart.

Die Grundfarbe ist ein einheitliches Kastanienbraun. Auf den Patellen finden sich zwei rötlich braune Streifen. Der Körper ist sehr kräftig und gedrungen gebaut. Der massige Hinterleib kann enorme Ausmaße annehmen.

Es handelt sich um eine sehr aggressive Vogelspinnenart, die trotz ihres massigen Körpers sehr schnell zubeißen kann. Die Brennhaare führen bei

Xenesthis immanis Foto: M. Meinhardt

empfindlichen Personen unter Umständen zu starken Hautreizungen.

Weibchen können ein Alter von über 20 Jahren erreichen. Die Männchen leben nach der Reifehäutung oft noch mehr als zwei Jahre weiter.

Vorkommen

Die Verbreitung erstreckt sich über das Amazonasgebiet von Venezuela, Guyana, Surinam und Nordbrasilien. Diese Art ist eine typische Regenwaldbewohnerin. Sie baut ausgedehnte Höhlen an schrägen Stellen, die nicht sehr tief ins Erdreich gehen und oft in Gewässernähe liegen.

Haltung

Aufgrund der enormen Größe empfiehlt sich für die Pflege ein sehr geräumiges Terrarium (60 x 30 x 30 cm). Der Bodengrund sollte ca. 10 cm hoch eingefüllt werden. Wegen der nötigen hohen Luftfeuchtigkeit von 80–90 % muss der Boden immer feucht gehalten werden, wobei aber keine Staunässe entstehen darf. Als Versteck kann ein großes Korkstück dienen. Da die Tiere viel trinken, darf ein gefüllter Wassernapf nicht fehlen. Die Haltungstemperaturen liegen bei 25 °C.

Bei adulten *Theraphosa blondii* reicht man aufgrund des großen Nahrungsbedarfes am besten große Wanderheuschrecken und Totenkopfschaben. Adulte Individuen nehmen auch gerne ausgewachsene Mäuse und mittelgroße Ratten an.

Zucht

Leider gelingt die Nachzucht bisher nicht immer, wenn auch einige erfolgreiche Züchter regelmäßig Nachzuchten aufzuweisen haben. Sollte es einige Monate nach der friedlichen Paarung zum Kokonbau kommen, darf man sich glücklich schätzen. Die Zeitigung dauert ca. 12–16 Wochen. Ein Kokon enthält durchschnittlich 100 Jungtiere, die allerdings mit einer Beinspannweite von gut 2 cm bereits „riesig" sind. Leider ist die Aufzucht meiner Erfahrung nach etwas problematisch, sodasss mit größeren Ausfällen gerechnet werden muss.

Verhalten

Theraphosa blondii ist sehr aggressiv und weicht bei einer Störung nicht von der Stelle, sondern wehrt sich vehement mit kräftigen Bissen. Zudem besitzt sie, wie ich selber erfahren musste, sehr stark wirksame Brennhaare, die bei empfindlichen Personen zu starken Hautirritationen führen können. Bei Störung richtet sie sich vorne steil auf und erzeugt laut raschelnde Stridulationsgeräusche.

Xenesthis immanis (AUSSERER, 1875)

Beschreibung

Diese sehr attraktive Art kann im weiblichen Geschlecht eine Körperlänge von bis zu 10 cm erreichen. Die Grundfarbe ist Schwarzbraun. Auf dem Opisthosoma wachsen viele längere rote Haare. Die Radialstreifen und der Bereich um den Augenhügel sind auf dem Carapax violett abgesetzt. Die Femora des letzten Beinpaares sind sehr kräftig ausgebildet und weisen an der Innenseite einen deutlichen Haarsaum auf. Beim Männchen schimmern die Gliedmaßen zudem violett.

Weibchen erreichen ein Alter von 20 Jahren, Männchen leben nach der Reifehäutung noch bis zu zwei Jahre weiter. Es handelt sich um eine aggressivere Art.

Vorkommen

Xenesthis immanis wurde in Panama, Kolumbien, Peru, Venezuela, Ecuador und Brasilien (im Bundesstaat Amazonien) nachgewiesen (HUBER, SAMM & SCHMIDT 1996).

Haltung

Das Terrarium sollte recht groß ausfallen (60 x 30 x 30 cm). Der Bodengrund muss mindestens 10 cm hoch eingefüllt sein, damit die Spinne genügend Grabmöglichkeiten hat. Sie nimmt aber auch gerne ein großes Korkrindenstück als Versteckmöglichkeit an. *Xenesthis immanis* trinkt recht häufig, sodasss der Wassernapf immer gefüllt sein sollte. Die Luftfeuchtigkeit liegt im Mittel bei 80 %, die Haltungstemperaturen bei 25 °C. Der Boden sollte immer feucht gehalten werden.

Neben großen Wanderheuschrecken werden von dieser Art auch gerne Totenkopfschaben und Mäuse als Futter angenommen.

Zucht

Die Nachzucht dieser großen Vogelspinnenart gelingt leider sehr selten, da Männchen nur sporadisch im Handel oder auf Börsen angeboten werden. Sollte man dennoch einmal ein passendes Männchen ergattern, muss man bei der Paarung sehr darauf aufpassen, da die Weibchen zum Gattenmord neigen. Mein Weibchen baute seinen Kokon nach ca. drei Monaten. Zehn Wochen später schlüpften 101 Jungtiere, die recht groß waren, aber nur langsam heranwuchsen.

Verhalten

Bei *Xenesthis immanis* handelt es sich um eine aggressive Bombardierspinne, die zuerst zubeißt, bevor sie dann stark bombardiert. Erst wenn alle Verteidigungsversuche fehlgeschlagen sind, ergreift sie die Flucht.

4. Schlusswort

Spinne und Mensch

Bei vielen Naturvölkern haben Vogelspinnen eine besondere Bedeutung. Bei Ureinwohnern in Südamerika führen die Kinder schon seit Jahrhunderten große Vogelspinnen wie Hunde an der Leine. Die Tiere sollen schnell zahm werden und lassen sich scheinbar auch in Grenzen dressieren, wie SCHMIDT (1980) zu berichten weiß.

In Bali (Kamerun) wird eine Vogelspinnenart als heiliges Lebewesen verehrt. Überall, wo man sie findet, wird der Platz vor dem Versteck gefegt und eingezäunt. Dann überdacht man den Versteckeingang und erhebt den Ort zur Kultstätte. Statt Wasser bekommt die Spinne jetzt Palmwein zu trinken und dient dem Medizinmann als Orakel: Er hängt ein Stäbchen, mit dem eine erkrankte Person zuvor berührt wurde, über dem Versteckeingang der Vogelspinne auf. Je nachdem, wie das Stäbchen von der als göttlich verehrten Spinne behandelt wird, verkündet der Medizinmann dann den weiteren Verlauf der Krankheit (SCHMIDT 1980).

Viele Ureinwohner Südamerikas nutzen die Vogelspinnen auch als hochwertige Eiweißquelle. Jedes Mal, bevor die Männer für einige Tage auf die Jagd gehen, bringen sie dem Wald eine Opfergabe dar, um die Götter gnädig zu stimmen. Bei der Jagd werden dann auch große Vogelspinnen gefangen, die durch einen gezielten Stich ins Nervenzentrum getötet werden. Nachdem die unangenehmen Brennhaare entfernt worden sind, gart man die in ein Blatt eingerollten Tiere in der Glut eines Feuers, bevor sie gegessen werden. Das Fleisch schmeckt angeblich etwas bitter. Die Eierstöcke trächtiger Weibchen sollen besonders bekömmlich sein und im Geschmack an Krebsfleisch erinnern.

Wie in Costa Rica gefundene Schmuckstücke aus präkolumbianischer Zeit zeigen, waren dort schon vor Jahrhunderten Vogelspinnen als Kunstobjekte beliebt. Der aus Gold gefertigte und wahrscheinlich standardisierte Schmuck wurde über der Brust getragen.

Die Zooindustrie hat sich auf den neuen Boom eingestellt...
Foto: K. Kunz

Leider genießen die Vogelspinnen in der so genannten zivilisierten Welt kein so hohes Ansehen. Wie in der Einleitung schon erwähnt, müssen sie immer wieder für Horrorgeschichten und Sensationslust herhalten. So hat sich bis heute der Irrglaube, Vogelspinnen seien für den Menschen gefährlich, in vielen Ländern beständig gehalten, auch wenn die Wissenschaft dies schon längst widerlegt hat. Gerade in Europa glauben viele Menschen an die Schauermärchen über riesige Vogelspinnen in den Urwäldern Südamerikas, die man immer wieder in der Presse und anderen Medien finden kann. Das dürfte u. a. daran liegen, dass in Europa außer in Portugal, Spanien und auf Zypern keine Vogelspinnen in der Natur vorkommen und die Arten in den genannten Ländern wegen ihrer geringen Größe meist gar nicht erst als Vogelspinnen erkannt werden. Die Europäer sind den Umgang mit den Tieren also nicht gewöhnt – im Gegensatz beispielsweise zur Landbevölkerung in Nord- und Südamerika, die über die Harmlosigkeit der Vogelspinnen oft bestens Bescheid weiß, da dort öfters Menschen bei der Arbeit auf dem Feld von ihnen gebissen werden.

Aber was kann man tun, um das Ansehen der Vogelspinnen und damit letzten Endes der Spinnen allgemein in der Öffentlichkeit zu verbessern? Hier ist jeder einzelne Vogelspinnenhalter gefragt. Man kann sich z. B. mit seinem Hobby an die regionale Tageszeitung wenden. Auch das Regionalradio oder -fernsehen ist einer guten Story sicher nicht abgeneigt. Genauso wichtig ist die Richtigstellung von Berichten über Vogelspinnen in den Medien über Leser- oder Hörer- und Zuschauerbriefe.

Ist man wirklich sehr versiert, kann man Vorträge in Schulen oder anderen Einrichtungen halten und für die örtliche Naturschutzbehörde als Ansprechpartner dienen, denn die dortigen Beamten sind manchmal nur unzureichend oder gar nicht über Vogelspinnen informiert. Sehr hilfreich ist es, wenn man sich an Einrichtungen wendet, in denen Phobien gegen Spinnen therapiert werden. Wie ich feststellen konnte, freuen sich die Mitarbeiter sehr darüber, wenn sie bei den Therapiegesprächen eine fachkundige Person zur Seite haben, die eventuell auch noch eigene Tiere mitbringt.

Eine gute Möglichkeit, mit seinem Hobby an die Öffentlichkeit zu gehen, ist die Gründung eines Vogelspinnen- oder Spinnen-Stammtisches (bzw. einer Interessengemeinschaft, IG). Solche Stammtische existieren mittlerweile in vielen Städten. Ich habe daher an dieser Stelle eine Auflistung aller mir bekannten Vogelspinnenstammtische eingefügt:

- BerlinSpinnen – Vogelspinnen-AG Berlin-Brandenburg
- Vogelspinnen-IG Hannover
- Vogelspinnen-Stammtisch OWL (in Lage)
- Vogelspinnen-Stammtisch Münster
- Vogelspinnen-Stammtisch Dortmund
- Vogelspinnen-Stammtisch Ruhr (in Bochum)
- Stammtisch der Arachnologen in Bonn und Umgebung
- Vogelspinnen-Stammtisch Bad Orb
- Vogelspinnen-Stammtisch Kassel
- Vogelspinnen-Freunde Mainz
- Vogelspinnen-Treff Darmstadt
- Spinnen- und Reptilienfreunde Landsberg am Lech

Auch auf Terraristik-Börsen ist mittlerweile die steigende Beliebtheit der Vogelspinnen zu sehen. Foto: K. Kunz

- Vogelspinnen-IG Stuttgart
- Vogelspinnen-IG Franken
- Vogelspinnen-Stammtisch Waltershausen
- Vogelspinnen-Stammtisch Schweiz (abwechselnd in Glattfelden und Bern).

Die Kontaktmöglichenkeiten können über die Deutsche Arachnologische Gesellschaft e. V. erfragt werden (s. u.).

Wer sein Hobby ernsthaft und aufmerksam betreibt, wird nicht nur mehr über seine Zöglinge erfahren, sondern ermöglicht damit auch gleichzeitig eine Verbesserung der Haltungsbedingungen (hier *Psalmopoeus irminia*). Foto: M. Schmidt

Heute werden leider für die verhaltenskundliche Erforschung von Tierarten immer weniger finanzielle Mittel zur Verfügung gestellt. Daher ist es umso wichtiger, dass sich die privaten Vogelspinnenhalter um die Erforschung der verschiedenen Arten bemühen. Damit kann man schon bei seinen eigenen Tieren zu Hause anfangen, indem man seine Beobachtungen aufschreibt und in den Fachzeitschriften in Form von kleinen Artikeln oder größeren Berichten veröffentlicht. Des Weiteren kann man Arbeitsgruppen gründen, die sich um die Erforschung von bestimmten Gattungen bemühen. Sollte man in den Genuss kommen, einmal seinen Urlaub in den Tropen oder Subtropen zu verbringen, kann man vor Ort auch direkt Biotopstudien anstellen, indem man Luftfeuchtigkeits- und Temperaturdaten sammelt, gefundene Vogelspinnenverstecke durch Fotos dokumentiert und Verbreitungs- und Populationskarten anfertigt. Diese können dann später veröffentlicht und bei entsprechenden Institutionen oder Vereinen archiviert werden.

Aber auch ein anderer Aspekt ist sehr wichtig: Die Arterhaltung. Leider ist es fast unmöglich, für bedrohte Vogelspinnenarten Schutzprojekte zu gründen, da den Tieren nur ein geringer Wert beigemessen wird und eine Unterstützung von Seiten der wissenschaftlichen Einrichtungen meistens ausbleibt. Durch die Nachzucht der in Deutschland gepflegten Vogelspinnenarten kann man aber auch einen wichtigen Teil zum Artenschutz beitragen. Nur so ist gewährleistet, Wildentnahmen auf ein Minimum zu reduzieren und das rigorose Leerfangen ganzer Populationen durch skrupellose Personen von vornherein zu vermeiden.

Wie man abschließend feststellen darf, kommt dem privaten Vogelspinnenhalter insgesamt eine sehr große Verantwortung zu. Er hat nicht nur die Pflicht, seine Tiere artgerecht zu halten und durch Nachzuchten einen Beitrag zum Artenschutz zu liefern, sondern auch, in der Öffentlichkeit objektiv über Vogelspinnen zu informieren und durch seine eigenen Beobachtungen einen wichtigen Beitrag für die Wissenschaft zu leisten.

5. Gesetze und Artenschutz

Rechtliche Grundlagen

Ein immer wiederkehrendes Problem in der privaten Vogelspinnenhaltung ist die mietrechtliche Situation. Leider wurden in den vergangenen Jahren Privathalter von den Behörden und Gerichten immer wieder dazu gezwungen, ihren gesamten Vogelspinnenbestand über Nacht an staatliche Einrichtungen wie z. B. Zoologische Gärten oder Institute abzugeben. Das geschah aus zweierlei Gründen:

Vogelspinnen galten (und gelten teilweise noch) fälschlich als hochgiftig und somit für den Menschen als potenziell gefährlich. Lag keine schriftliche behördliche Genehmigung zum Halten von giftigen Tieren vor, durften die Spinnen nicht im Privathaushalt gepflegt werden und wurden von den zuständigen Behörden beschlagnahmt.

Vogelspinnen zählten zu den exotischen Tieren, die nicht ohne schriftliche Genehmigung des Vermieters in der Wohnung gehalten werden durften. Kamen dann noch Beschwerden aus der Hausgemeinschaft hinzu, mussten die betroffenen Tiere unweigerlich an die zuständigen Behörden übergeben werden.

Ein rechtliches Vorgehen gegen diese Maßnahmen, die auch heute noch vorkommen, war meistens – aus Unverständnis der Richter und Behörden – zum Scheitern verurteilt, selbst dann, wenn mehrere unabhängige Gutachten von Zoologen vorgelegt werden konnten, die bestätigten, dass von Vogelspinnen keine Gefahr für Menschen ausgeht.

Genehmigungspflicht

Stellt man Vogelspinnen zu den potenziell giftigen Tieren, sind sie melde- und genehmigungspflichtig, jedoch existiert derzeit noch keine bundesweit einheitliche gesetzliche Regelung. Vielmehr wird das Problem von Bundesland zu Bundesland anders gehandhabt, und selbst innerhalb eines Bundeslandes kann es noch von der zuständigen Behörde und dem jeweiligen Richter abhängen, ob Vogelspinnen genehmigungspflichtig sind oder nicht.

Mittlerweile existiert ein gerichtliches Urteil, das sich erfreulicherweise für die genehmigungsfreie Haltung von Vogelspinnen ausspricht. In dem so genannten Ansbacher Urteil vom 30.04.1998 wurde die Haltung von Vogelspinnen, von denen ja keine Gefährdung für den Menschen ausgeht, als nicht genehmigungspflichtig bezeichnet (Az: AN 5 K 97.00682). Dieses Urteil gilt in letzter Zeit in zunehmendem Maße als richtungsweisend.

Mietrecht

Hier ist das rechtliche Problem ein ganz anderes. Sind Vogelspinnen zu den Exoten zu zählen oder zu den Kleintieren? Unter die Kategorie Kleintiere fällt mietrechtlich alles bis zur Größe einer Katze, also beispielsweise auch Mäuse und Wellensittiche. Werden Vogelspinnen zu den Exoten gestellt, bedarf es einer schriftlichen Genehmigung des Vermieters, um sie in einer Mietwohnung halten zu können. Werden sie zu den Kleintieren gestellt, entfällt die Erlaubnispflicht durch den Vermieter. Eine einheitliche gesetzliche Regelung auf Bundesebene existiert aber auch hier bis heute noch nicht. Hinzu kommt, dass sich andere Mietparteien durch Vogelspinnen in ihrer Handlungsfreiheit eingeschränkt oder sogar bedroht fühlen können.

Zum Glück liegt auch zu diesem Thema mittlerweile ein Grundsatzurteil vor, an das sich die Gerichte in der Regel auch halten. Demnach werden Vogelspinnen zu den Kleintieren gezählt und dürfen somit ohne vorherige Rücksprache mit dem Vermieter in einer Mietwohnung gehalten werden.

In dem Prozess von 1998 vor dem bayrischen Verwaltungsgericht ging es darum, dass sich eine Bewohnerin eines Mietshauses durch das bloße Wissen, dass in einer Wohnung zwei Stockwerke über ihr Vogelspinnen gehalten wurden, bedroht und in ihrer Bewegungsfreiheit eingeschränkt fühlte. Sie verständigte daraufhin den Vermieter. Obwohl der Halter der Vogelspinnen den Vermieter und die verunsicherte Frau mehrfach auf die Ungefährlichkeit der Vogelspinnen und die ausbruchsichere Haltung hinwies und beide zu sich in die Wohnung einlud, damit sie sich von seiner Aussage überzeugen konnten, bestand der Vermieter darauf, dass der Terrarianer seinen gesamten Tierbestand abgeben sollte und drohte ansonsten mit einer fristlosen Kündigung. Da sich der Halter der Vogelspinnen mit seinem Vermieter nicht einigen konnte, zogen beide Parteien vor Gericht. Dem Halter der Vogelspinnen wurde Recht gegeben, da von Vogelspinnen nachweislich keine Gefahr für den Menschen ausgeht. Bei der Urteilsbegründung argumentierte der Richter, dass der Vorwurf der Bedrohung von anderen Mitbewohnern somit hinfällig sei. Des Weiteren könne eine Haltung von Vogelspinnen nicht untersagt werden, weil sich eine andere Mietpartei durch die Tiere in ihrer Bewegungsfreiheit eingeschränkt fühle. Vogelspinnen sind laut diesem Urteil zu den Kleintieren zu zählen, deren Haltung laut Mietrecht nicht genehmigungspflichtig ist.

Da jedoch noch immer je nach Bundesland unterschiedliche Regelungen existieren, sollten Sie sich unbedingt mit Ihrem Vermieter und den Nachbarn ins Einvernehmen setzen und sich am besten bei Ihrer zuständigen Behörde (i. d. R. der Unteren Naturschutzbehörde) über den aktuellen Stand der Dinge informieren.

Schutzstatus

1973 wurde in Washington das Abkommen zum internationalen Handel mit gefährdeten Arten „CITES“ (Convention on International Trade in Endangered Species) unterzeichnet. Es ist heute allgemein als „Washingtoner Artenschutzübereinkommen“ (WA) bekannt und umfasst derzeit 150 Mitgliedsstaaten. Insgesamt schützt das Übereinkommen weltweit ca. 8.000 Tier- und 40.000 Pflanzenarten. In Deutschland ist es seit 1976 in Kraft. In den drei Anhängen sind die Arten aufgelistet, deren Handel (je nach Gefährdungsgrad der jeweiligen Tier- oder Pflanzenart) mehr oder weniger stark einzuschränken ist.

Anhang I: Von der Ausrottung bedrohte Arten, die nicht in freier Natur gefangen und nicht international gehandelt werden dürfen. Nachzuchten können nur mit einer Genehmigung (CITES-Bescheinigung) erworben oder gehalten werden. Der Käufer muss auf einer CITES-Bescheinigung bestehen, wenn er eines dieser Tiere erwerben will.

Anhang II: Arten, die als durch den kommerziellen Wildtierhandel gefährdet gelten. Ihre Ein- und Ausfuhr sind genehmigungspflichtig.

Anhang III: Beschränkungen betreffen nur bestimmte Staaten und werden von den jeweils betroffenen Ländern festgelegt.

Hinzu kommt noch die EU-Artenschutzverordnung, die seit dem 1. Juni 1997 gültig ist. Gefährdete Tier- und Pflanzenarten werden in vier Anhängen (A, B, C und D) erfasst, die im Wesentlichen den WA-Anhängen entsprechen. Durch diese Verordnung werden einheitlich für alle EU-Staaten die Ein- und Ausfuhr sowie die Vermarktung der betroffenen Tier- und Pflanzenarten geregelt.

Anhang A: Alle Arten des WA-Anhangs I sowie einige Arten aus Anhang II und Arten, die nicht dem WA unterliegen, deren Aufnahme jedoch aus Gründen der Verwechselbarkeit mit vom Aussterben bedrohten Arten notwendig erscheint. Wildfänge dürfen zu kommerziellen Zwecken nicht importiert werden. Für Verkauf oder Weitergabe zwischen Privatpersonen benötigt man eine Genehmigung.

Anhang B: Alle Arten des WA-Anhangs II sowie weitere Arten, wenn das Überleben oder der Fortbestand einzelner Populationen in bestimmten Herkunftsländern gefährdet sein könnten oder wenn die ökologische Rolle der Art negativ beeinflusst wird. Der Importeur benötigt eine Ein- und Ausfuhrgenehmigung.

Anhang C: Alle Arten des WA-Anhangs III sowie alle anderen vom WA erfassten Arten, die nicht in den Anhängen A und B der EU-Verordnung aufgeführt sind

Anhang D: Alle anderen Arten, bei denen der Umfang der Importe in die EU eine Überwachung rechtfertigt, um gegebenenfalls zu einem späteren Zeitpunkt auf Grundlage der Bestandssituation in den Herkunftsländern und der ermittelten Handelszahlen strengere Schutzmaßnahmen zu entwickeln.

Geschützte Arten

Von den Vogelspinnen sind derzeit (März 2004) alle Arten der Gattungen *Brachypelma* sowie *Aphonopelma albiceps* und *A. pallidum* unter Schutz gestellt. Sie fallen unter WA-Anhang II und unter den Anhang B der EU-Artenschutzverordnung.

Nachweisbestimmungen

Mit Inkrafttreten der EU-Artenschutzverordnung am 1. Juni 1997 ist eine CITES-Bescheinigung für die auf Anhang II des Washingtoner Artenschutzübereinkommens gestellten Vogelspinnenarten für den Verkauf innerhalb der EU nicht mehr vorgeschrieben. Auch eine Meldepflicht bei der Unteren Naturschutzbehörde entfällt damit. Halter der oben genannten Arten müssen jedoch jederzeit den rechtmäßigen Besitz und die legale Herkunft mit Zuchtbescheinigungen bzw. Einfuhrgenehmigungen nachweisen können. Verstöße gegen die EU-Artenschutzverordnung können zu Beschlagnahme- und Strafverfahren führen und mit hohen Geldbußen geahndet werden!

Für den Halter heißt das, dass er den legalen Erwerb von Exemplaren der geschützten Arten durch einen Kaufnachweis belegen können muss. Als Kaufnachweis reichen bei von Händlern erworbenen Tieren eine Quittung mit Rechnungsnummer oder eine Rechnung aus, der das Geschlecht (soweit bekannt), die Herkunft (Nachzucht oder Wildfang) und das Alter (soweit bekannt) sowie der Händler zu entnehmen sein müssen. Bei von Privatpersonen erstandenen Tieren entfällt zwar natürlich die Rechnungsnummer, jedoch müssen aus dem Kaufnachweis sämtliche anderen oben schon angeführten Daten (soweit bekannt) ersichtlich sein. Der Nachweis ist der zuständigen Behörde bei Verlangen umgehend schriftlich als Kopie vorzulegen.

Bei der Einfuhr in die EU sind zudem Ein- und Ausfuhrbestimmungen zu beachten. Die hierfür erforderlichen Genehmigungen erteilt das Bundesamt für Naturschutz in Bonn. So gelten u. a. in Mexiko, Costa Rica, Ecuador und Australien strikte Ausfuhrverbote für sämtliche dort vorkommenden Tier- und Pflanzenarten. Sondergenehmigungen sind für Privatpersonen nur schwer zu bekommen und mit hohem Zeit- und Kostenaufwand verbunden.

Eine der wenigen international geschützten Arten: *Brachypelma smithi* Foto: M. Schmidt

Tierschutz

Das Tierschutzgesetz verpflichtet Sie, Ihre Spinnen art- und verhaltensgerecht unterzubringen. Verstoßen Sie gegen diese Auflage, so kann dies bei einer Anzeige unangenehme Folgen für Sie haben.

6. Artenliste

Die im Folgenden angebotene, alphabetisch geordnete Liste aller Gattungen und Arten der Vogelspinnen ist auf dem neusten Stand. Sie basiert im Wesentlichen auf der in DRACO 16(4) abgedruckten Überarbeitung von "The World Spider Catalog, Version 5.0" von Norman I. PLATNICK (http://research.amnh.org/entomology/spiders/catalog/THERAPHOSIDAE.html; Überarbeitungsstand: 10. August 2004).

THERAPHOSIDAE THORELL, 1870

Acanthopelma F. O. P.-CAMBRIDGE, 1897

beccarii	CAPORIACCO,1947	Guyana
rufescens	F. O. P.-CAMBRIDGE, 1897	Mittelamerika

Acanthoscurria AUSSERER, 1871

acuminata	SCHMIDT & TESMOINGT, 2000	Bolivien, Brasilien
altmanii	SCHMIDT, 2003	Brasilien
antillensis	POCOCK, 1903	Kleine Antillen
atrox	VELLARD, 1924	Brasilien
aurita	PIZA, 1939	Brasilien
bollei	SCHMIDT, 2004	Argentinien, Uruguay
brocklehursti	F. O. P.-CAMBRIDGE, 1896	Brasilien
chacoana	BRÈTHES, 1909	Bolivien, Paraguay, Argentinien
chiracantha	MELLO-LEITÃO, 1923	Brasilien
convexa	(C. L. KOCH, 1842)	Brasilien
cordubensis	THORELL, 1894	Argentinien
cunhae	MELLO-LEITÃO, 1923	Brasilien
cursor	CHAMBERLIN, 1917	Brasilien
ferina	SIMON, 1892	Peru, Bolivien, Brasilien
fracta	CHAMBERLIN, 1917	Brasilien
geniculata	(C. L. KOCH, 1841)	Brasilien
gomesiana	MELLO-LEITÃO, 1923	Brasilien
guaxupe	PIZA, 1972	Brasilien
insubtilis	SIMON, 1892	Bolivien
juruenicola	MELLO-LEITÃO, 1923	Brasilien
maga	SIMON, 1892	Südamerika
melanotheria	MELLO-LEITÃO,1923	Brasilien
minor	AUSSERER, 1871	Guyana
musculosa	SIMON, 1892	Bolivien, Brasilien
natalensis	CHAMBERLIN, 1917	Brasilien
parahybana	MELLO-LEITÃO, 1926	Brasilien
paulensis	MELLO-LEITÃO, 1923	Brasilien
pugnax	VELLARD, 1924	Brasilien
rhodothele	MELLO-LEITÃO, 1923	Brasilien
rondoniae	MELLO-LEITÃO, 1923	Brasilien
sternalis	POCOCK, 1903	Bolivien, Paraguay, Argentinien
suina	POCOCK, 1903	Argentinien, Uruguay
tarda	POCOCK, 1903	Brasilien
theraphosoides	(DOLESCHALL, 1871)	Brasilien
transamazonica	PIZA, 1972	Brasilien
urens	VELLARD, 1924	Brasilien
violacea	MELLO-LEITÃO, 1923	Brasilien
xinguensis	TIMOTHEO, 1960	Brasilien

Annandaliella HIRST, 1909

pectinifera	GRAVELY, 1935	Indien
travancorica	HIRST, 1909	Indien

Anoploscelus POCOCK, 1897

celeripes	POCOCK, 1897	Uganda, Tansania
lesserti	LAURENT, 1946	Ruanda

Aphonopelma POCOCK, 1901

aberrans	(CHAMBERLIN, 1917)	Chile
albiceps	(POCOCK, 1903)	Mexiko
anax	(CHAMBERLIN, 1940)	USA
apacheum	CHAMBERLIN, 1940	USA
armada	(CHAMBERLIN, 1940)	USA
arnoldi	SMITH, 1995	USA
baergi	CHAMBERLIN, 1940	USA
behlei	CHAMBERLIN, 1940	USA
bicoloratum	STRUCHEN, BRÄNDLE & SCHMIDT, 1996	Mexiko
bistriatum	(C. L. KOCH, 1838)	Brasilien
braunshausenii	TESMOINGT, 1996	Mexiko
breenei	SMITH, 1995	USA
brunnius	CHAMBERLIN, 1940	USA
burica	VALERIO, 1980	Costa Rica
caniceps	(SIMON, 1891)	Mexiko
chalcodes	CHAMBERLIN, 1940	USA
chamberlini	SMITH, 1995	USA
chambersi	SMITH, 1995	USA
clarki	SMITH, 1995	USA
clarum	CHAMBERLIN, 1940	USA
coloradanum	(CHAMBERLIN, 1940)	USA
cookei	SMITH, 1995	Mexiko
cratium	CHAMBERLIN, 1940	USA
crinirufum	(VALERIO, 1980)	Costa Rica
crinitum	(POCOCK, 1901)	Mexiko
cryptethum	CHAMBERLIN, 1940	USA
duplex	(CHAMBERLIN, 1925)	Mexiko
echinum	(CHAMBERLIN, 1940)	USA
eustathes	(CHAMBERLIN, 1940)	Mexiko
eutylenum	CHAMBERLIN, 1940	USA
gabeli	SMITH, 1995	USA
geotoma	(CHAMBERLIN, 1937)	Mexiko

Aphonopelma seemani Foto: M. Schmidt

gertschi	Smith, 1995	Mexiko
griseum	Chamberlin, 1940	Mexiko
gurleyi	Smith, 1995	USA
hageni	(Strand, 1906)	Mexiko
harlingenum	(Chamberlin, 1940)	USA
helluo	(Simon, 1891)	Mexiko
hentzi	(Girard, 1852)	USA
hesperum	(Chamberlin, 1917)	Mexiko
heterops	Chamberlin, 1940	USA
hollyi	Smith, 1995	USA
iodius	(Chamberlin & Ivie, 1939)	USA
iviei	Smith, 1995	USA
joshua	Prentice, 1997	USA
jungi	Smith, 1995	USA
lanceolatum	(Simon, 1891)	Nicaragua
latens	(Chamberlin, 1917)	El Salvador, Nicaragua
levii	Smith, 1995	Mexiko
lithodomum	Chamberlin, 1940	USA
marxi	(Simon, 1891)	USA
minchi	Smith, 1995	USA
moderatum	(Chamberlin & Ivie, 1939)	USA
mojave	Prentice, 1997	USA
mooreae	Smith, 1995	Mexiko
mordax	(Ausserer, 1871)	USA
nayaritum	Chamberlin, 1940	Mexiko
odelli	Smith, 1995	USA
pallidum	(F. O. P.-Cambridge, 1897)	Mexiko
paloma	Prentice, 1993	USA
pedatum	(Strand, 1907)	Surinam
phanum	Chamberlin, 1940	USA
phasmus	Chamberlin, 1940	USA
platnicki	Smith, 1995	Mexiko
prosoicum	Chamberlin, 1940	Mexiko
punzoi	Smith, 1995	USA
radinum	(Chamberlin & Ivie, 1939)	USA
reversum	Chamberlin, 1940	USA
rothi	Smith, 1995	USA
rubropilosum	(Ausserer, 1871)	Brasilien
ruedanum	Chamberlin, 1940	Mexiko
rusticum	(Simon, 1891)	Mexiko
sandersoni	Smith, 1995	USA
schmidti	Smith, 1995	USA
sclerothrix	(Valerio, 1980)	Costa Rica
seemanni	(F. O. P.-Cambridge, 1897)	Mittelamerika
serratum	(Simon, 1891)	Mexiko
smithi	Smith, 1995	USA
stahnkei	Smith, 1995	USA
steindachneri	(Ausserer, 1875)	USA
stoicum	(Chamberlin, 1925)	Mexiko
sullivani	Smith, 1995	USA
texense	(Simon, 1891)	USA
truncatum	(F. O. P.-Cambridge, 1897)	Mexiko
vogelae	Smith, 1995	USA

vorhiesi	(CHAMBERLIN & IVIE, 1939)	USA
waconum	(CHAMBERLIN, 1940)	USA
wichitanum	(CHAMBERLIN, 1940)	USA
xanthochromum	(VALERIO, 1980)	Costa Rica
zionis	CHAMBERLIN, 1940	USA

Augacephalus GALLON, 2002

breyeri	HEWITT, 1919	Südafrika, Mosambik, Swaziland
junodi	SIMON, 1904	Ost-, Südafrika

Avicularia LAMARCK, 1818

affinis	(NICOLET, 1849)	Chile
alticeps	(KEYSERLING, 1878)	Uruguay
ancylochira	MELLO-LEITÃO, 1923	Brasilien
anthracina	(C. L. KOCH, 1842)	Uruguay
aurantiaca	BAUER, 1996	Peru
avicularia	(LINNAEUS, 1758)	Costa Rica bis Brasilien
avicularia variegata	F. O. P.-CAMBRIDGE, 1896	Brasilien
aymara	(CHAMBERLIN, 1916)	Peru
azuraklaasi	TESMOINGT, 1996	Peru
bicegoi	MELLO-LEITÃO, 1923	Brasilien
borelli	(SIMON, 1897)	Paraguay
braunshauseni	TESMOINGT, 1999	Brasilien
caesia	(C. L. KOCH, 1842)	Puerto Rico
cuminami	MELLO-LEITÃO, 1930	Brasilien
detrita	(C. L. KOCH, 1842)	Brasilien
diversipes	(C. L. KOCH, 1842	Brasilien
doleschalli	(AUSSERER, 1871)	Brasilien
exilis	STRAND, 1907	Surinam
fasciculata	STRAND, 1907	Südamerika
fasciculata clara	STRAND, 1907	Südamerika
geroldi	TESMOINGT, 1999	Brasilien
glauca	SIMON, 1891	Panama
gracilis	(KEYSERLING, 1891)	Brasilien
guyana	(SIMON, 1892)	Guyana
hirsuta	(AUSSERER, 1875)	Kuba
holmbergi	THORELL, 1890	Franz. Guayana
huriana	TESMOINGT, 1996	Ecuador
juruensis	MELLO-LEITÃO, 1923	Brasilien
laeta	(C. L. KOCH, 1842)	Puerto Rico
leporina	(C. L. KOCH, 1841)	Brasilien
metallica	AUSSERER, 1875	Surinam
minatrix	POCOCK, 1903	Venezuela
nigrotaeniata	MELLO-LEITÃO, 1940	Guyana
obscura	(AUSSERER, 1875)	Kolumbien
ochracea	(PERTY, 1833)	Brasilien
palmicola	MELLO-LEITÃO, 1945	Brasilien
panamensis	(SIMON, 1891)	Mexiko, Guatemala, Panama
parva	(KEYSERLING, 1878)	Uruguay
plantaris	(C. L. KOCH, 1842)	Brasilien
pulchra	MELLO-LEITÃO, 1933	Brasilien
purpurea	KIRK, 1990	Ecuador
rapax	(AUSSERER, 1875)	Südamerika
recifiensis	STRUCHEN & BRÄNDLE, 1996	Brasilien
rufa	SCHIAPELLI & GERSCHMAN, 1945	Brasilien
rutilans	AUSSERER, 1875	Kolumbien
soratae	STRAND, 1907	Bolivien
subvulpina	STRAND, 1906	Südamerika
surinamensis	STRAND, 1907	Surinam
taunayi	(MELLO-LEITÃO, 1920)	Brasilien
tigrina	(POCOCK, 1903)	Uruguay
ulrichea	TESMOINGT, 1996	Brasilien
urticans	SCHMIDT, 1994	Peru
velutina	SIMON, 1889	Venezuela
versicolor	(WALCKENAER, 1837)	Guadeloupe, Martinique
violacea	(MELLO-LEITÃO, 1930)	Brasilien
walckenaeri	(PERTY, 1833)	Brasilien

Batesiella POCOCK, 1903

crinita	POCOCK, 1903	Kamerun

Bonnetina VOL, 2000

cyaneifemur	VOL, 2000	Mexiko

Brachionopus POCOCK, 1897

annulatus	PURCELL, 1903	Südafrika
leptopelmiformis	STRAND, 1907	Südafrika
pretoriae	PURCELL, 1904	Südafrika
robustus	POCOCK, 1897	Südafrika
tristis	PURCELL, 1903	Südafrika

Brachypelma SIMON, 1891

albopilosum	VALERIO, 1980	Costa Rica
andrewi	SCHMIDT, 1992	unbekannt
angustum	VALERIO, 1980	Costa Rica
annitha	TESMOINGT, CLETON & VERDEZ, 1997	Mexiko
auratum	SCHMIDT, 1992	Mexiko
aureoceps	(CHAMBERLIN, 1917)	USA (wahrscheinlich eingeschleppt)
baumgarteni	SMITH, 1993	Mexiko
boehmei	SCHMIDT & KLAAS, 1993	Mexiko
embrithes	(CHAMBERLIN & IVIE, 1936)	Panama
emilia	(WHITE, 1856)	Mexiko
epicureanum	(CHAMBERLIN, 1925)	Mexiko
fossorium	VALERIO, 1980	Costa Rica
hamorii	TESMOINGT, CLETON & VERDEZ, 1997	Mexiko
klaasi	(SCHMIDT & KRAUSE, 1994)	Mexiko
ruhnaui	(SCHMIDT, 1997)	Mexiko
sabulosum	(F. O. P.-CAMBRIDGE, 1897)	Guatemala
schroederi	RUDLOFF, 2003	Mexiko
smithi	(F. O. P.-CAMBRIDGE, 1897)	Mexiko
vagans	(AUSSERER, 1875)	Mexiko, Mittelamerika
verdezi	SCHMIDT, 2003	Mexiko

Cardiopelma VOL, 1999

mascatum	VOL, 1999	unbekannt

Ceratogyrus POCOCK, 1897

bechuanicus	PURCELL, 1902	Südafrika

Ceratogyrus darlingi Foto: M. Schmidt

brachycephalus	HEWITT, 1919	Botsuana, Simbabwe, Südafrika
darlingi	POCOCK, 1897	Simbabwe, Mosambik
dolichocephalus	HEWITT, 1919	Simbabwe
ezandami	GALLON, 2001	Mosambik
hillyardi	(SMITH, 1990)	Malawi
marshalli	POCOCK, 1897	Simbabwe, Mosambik
meridionalis	(HIRST, 1907)	Malawi, Mosambik
pillansi	(PURCELL, 1902)	Simbabwe, Mosambik
sanderi	STRAND, 1906	Namibia, Simbabwe

Chaetopelma AUSSERER, 1871

adenense	SIMON, 1890	Syrien, Aden
anatolicum	SCHMIDT & SMITH, 1995	Türkei
arabicum	(STRAND, 1908)	Mittlerer Osten
gardineri	HIRST, 1911	Seychellen
gracile	(AUSSERER, 1871)	Zypern
karlamani	VOLLMER, 1997	Zypern
olivaceum	(C. L. KOCH, 1841)	Syrien bis Ostafrika
shabati	HASSAN, 1950	Ägypten
strandi	SCHMIDT, 1991	Sudan
webborum	SMITH, 1990	Kamerun

Chromatopelma SCHMIDT, 1995

cyaneopubescens	(STRAND, 1907)	Venezuela

Chilobrachys KARSCH, 1891

andersoni	(POCOCK, 1895)	Indien, Myanmar
annandalei	SIMON, 1901	Malaysia
assamensis	HIRST, 1909	Indien
bicolor	(POCOCK, 1895)	Myanmar
brevipes	(THORELL, 1897)	Myanmar
dyscolus	(SIMON, 1886)	Vietnam
femoralis	POCOCK, 1900	Indien
fimbratus	POCOCK, 1899	Indien
flavopilosus	(SIMON, 1884)	Indien, Myanmar
fumosus	(POCOCK, 1895)	Indien
hardwicki	(POCOCK, 1895)	Indien
huahini	SCHMIDT & HUBER, 1996	Thailand
hubei	SONG & ZHAO, 1988	China
jingzhao	Zhu, Song & Li, 2001	China
nitelinus	KARSCH, 1895	Sri Lanka
oculatus	(THORELL, 1895)	Myanmar
paviei	(SIMON, 1886)	Thailand
pococki	(THORELL, 1897)	Myanmar
sericeus	(THORELL, 1895)	Myanmar
soricinus	(THORELL, 1887)	Myanmar
stridulans	(WOOD MASON, 1877)	Indien
thorelli	POCOCK, 1900	Indien
tschankoensis	SCHENKEL, 1963	China

Citharacanthus Pocock, 1901

alayoni	Rudloff, 1995	Kuba
cyaneus	(Rudloff, 1994)	Kuba
livingstoni	Schmidt & Weinmann, 1996	Guatemala
longipes	(F. O. P.-Cambridge, 1897)	Mexiko, Mittelamerika
meermani	Reichling & West, 2000	Belize
niger	Franganillo, 1931	Kuba
sargi	(Strand, 1907)	Guatemala
spinicrus	(Latreille, 1819)	Kuba, Hispaniola

Citharischius Pocock, 1900

crawshayi	Pocock, 1900	Kenia
stridulantissimus	(Strand, 1907)	Afrika

Citharognathus Pocock, 1895

hosei	Pocock, 1895	Borneo
tongmianensis	Zhu, Li & Song, 2002	China

Clavopelma Chamberlin, 1940

tamaulipeca	(Chamberlin, 1937)	Mexiko

Coremiocnemis Simon, 1892

cunicularia	(Simon, 1892)	Malaysia
valida	Pocock, 1895	Malaysia

Crassicrus Reichling & West, 1996

lamanai	Reichling & West, 1996	Belize

Cratorrhagus Simon, 1891

concolor	(Simon, 1873)	Syrien
tetramerus	(Simon, 1873)	Syrien

Cyclosternum Ausserer, 1871

bicolor	(Schiapelli & Gerschman, 1945)	Brasilien
fasciatum	(O. P.-Cambridge, 1892)	Costa Rica
garbei	(Mello-Leitão, 1923)	Brasilien
gaujoni	Simon, 1889	Ecuador
janeirum	(Keyserling, 1891)	Brasilien
janthinum	(Simon, 1889)	Ecuador
kochi	(Ausserer, 1871)	Venezuela
macropus	(Ausserer, 1875)	Mexico
melloleitaoi	Bücherl, Timotheo & Lucas, 1971	Brasilien
obesum	(Simon, 1892)	Brasilien
obscurum	Simon, 1891	Mexico
palomeranum	West, 2000	Mexico
pentalore	(Simon, 1888)	Guatemala
rufohirtum	(Simon, 1889)	Venezuela
schmardae	Ausserer, 1871	Kolumbien, Ecuador
spinopalpus	(Schaefer, 1996)	Paraguay
symmetricum	(Bücherl, 1949)	Brasilien
viridimonte	Valerio, 1982	Costa Rica

Cyriocosmus Simon, 1903

bertae	Pérez-Miles, 1998	Brasilien
blenginii	Pérez-Miles, 1998	Bolivien
butantan	Pérez-Miles, 1998	Brasilien
chicoi	Pérez-Miles, 1998	Brasilien
elegans	(Simon, 1889)	Venezuela, Trinidad, Brasilien, Bolivien
leetzi	Vol, 1999	Kolumbien
ritae	Pérez-Miles, 1998	Peru, Brasilien
sellatus	(Simon, 1889)	Peru, Brasilien
versicolor	(Simon, 1897)	Brasilien, Paraguay, Argentinien

Cyriopagopus Simon, 1887

dromeus	(Chamberlin, 1917	Philippinen
paganus	Simon, 1887	Myanmar
schioedtei	(Thorell, 1891)	Malaysia
thorelli	(Simon, 1901)	Malaysia

Cyrtopholis Simon, 1892

agilis	Pocock, 1903	Hispaniola
anacanta	Franganillo, 1935	Kuba
annectans	Chamberlin, 1917	Barbados
bartholomaei	(Latreille, 1832)	St. Thomas, Antigua
bonhotei	(F. O. P.-Cambridge, 1901)	Bahamas
bryantae	Rudloff, 1995	Kuba
culebrae	(Petrunkevitch, 1929)	Puerto Rico
cursor	(Ausserer, 1875)	Hispaniola
femoralis	Pocock, 1903	Montserrat
flavostriata	Schmidt, 1995	Jungferninseln
gibbosa	Franganillo, 1936	Kuba
innocua	(Ausserer, 1871)	Kuba
intermedia	(Ausserer, 1875)	Südamerika
ischnoculiformis	(Franganillo, 1926)	Kuba
jamaicola	Strand, 1908	Jamaika
major	(Franganillo, 1926)	Kuba
media	Chamberlin, 1917	St. Kitts
meridionalis	(Keyserling, 1891)	Brasilien
obsoleta	(Franganillo, 1935)	Kuba
palmarum	Schiapelli & Gerschman, 1945	Brasilien
plumosa	Franganillo, 1931	Kuba
portoricae	Chamberlin, 1917	Puerto Rico
ramsi	Rudloff, 1995	Kuba
regibbosa	Rudloff, 1994	Kuba
respina	Franganillo, 1935	Kuba
schmidti	Rudloff, 1996	Brasilien
unispina	Franganillo, 1926	Kuba
zorodes	Mello-Leitão, 1923	Brasilien

Encyocrates Simon, 1892

raffrayi	Simon, 1892	Madagaskar

Ephebopus Simon, 1892

cyanognathus	West & Marshall, 2000	Franz. Guayana
fossor	Pocock, 1903	Ecuador
murinus	(Walckenaer, 1837)	Brasilien
rufescens	West & Marshall, 2000	Franz. Guayana
uatuman	Lucas, Silva & Bertani, 1992	Brasilien

Citharischius crawshayi Foto: K. Kunz & M. App

***Euathlus* Ausserer, 1875**

pulcherrimaklaasi	(Schmidt, 1991)	Ecuador
truculentus	Ausserer, 1875	Chile, Argentinien
vulpinus	(Karsch, 1880)	Chile
vulpinus ater	(Donoso, 1957)	Chile

***Eucratoscelus* Pocock, 1898**

constrictus	Gerstäcker, 1873	Kenia
pachypus	Schmidt & von Wirth, 1990	Tansania

***Eumenophorus* Pocock, 1897**

clementsi	Pocock, 1890	Sierra Leone
murphyorum	Smith, 1990	Sierra Leone

***Eupalaestrus* Pocock, 1901**

campestratus	(Simon, 1891)	Brasilien, Paraguay, Argentinien
spinosissimus	Mello-Leitão, 1923	Brasilien
weijenberghi	(Thorell, 1894)	Brasilien, Uruguay, Argentinien

***Euphrictus* Hirst, 1908**

spinosus	Hirst, 1908	Kamerun
squamosus	(Benoit, 1965)	Kongo

***Grammostola* Simon, 1892**

actaeon	(Pocock, 1903)	Brasilien, Uruguay
alticeps	(Pocock, 1903)	Uruguay
aureostriata	Schmidt & Bullmer, 2001	Paraguay, Argentinien
burzaquensis	Ibarra, 1946	Argentinien
chalcothrix	Chamberlin, 1917	Argentinien
doeringi	(Holmberg, 1881)	Argentinien
fossor	Schmidt, 2001	Argentinien
gossei	(Pocock, 1899)	Argentinien
grossa	(Ausserer, 1871)	Brasilien, Paraguay, Uruguay, Argentinien
iheringi	(Keyserling, 1891)	Brasilien
inermis	Mello-Leitão, 1941	Argentinien
mendozae	(Strand, 1907)	Argentinien
mollicoma	(Ausserer, 1875)	Brasilien, Uruguay, Paraguay, Argentina
monticola	(Strand, 1907)	Bolivien
porteri	(Mello-Leitão, 1936)	Chile
pulchra	Mello-Leitão, 1921	Brasilien
rosea	(Walckenaer, 1837)	Bolivien, Chile, Argentinien
vachoni	Schiapelli & Gerschman, 1961	Argentinien

***Hapalopus* Ausserer, 1875**

aldanus	West, 2000	Mexiko
formosus	Ausserer, 1875	Kolumbien
guianensis	Caporiacco, 1954	Franz. Guayana
nondescriptus	Mello-Leitão, 1926	Brasilien
tripepii	(Dresco, 1984)	Brasilien
triseriatus	Caporiacco, 1955	Venezuela

***Hapalotremus* Simon, 1903**

albipes	Simon, 1903	Bolivien
cyclothorax	(Mello-Leitão, 1923)	Brasilien
exilis	(Mello-Leitão, 1923)	Brasilien

longibulbi	(SOARES & CAMARGO, 1948)	Brasilien
major	(CHAMBERLIN, 1916)	Peru
muticus	(MELLO-Leitão, 1923)	Brasilien
scintillans	(MELLO-LEITÃO, 1929)	Brasilien

Haploclastus SIMON, 1892

cervinus	SIMON, 1892	Indien
himalayensis	(TIKADER, 1977)	Indien
kayi	GRAVELY, 1915	Indien
nilgirinus	POCOCK, 1899	Indien
robustus	(POCOCK, 1899)	Indien
satyanus	(BARMAN, 1978)	Indien
tenebrosus	GRAVELY, 1935	Indien
validus	(POCOCK, 1899)	Indien

Haplocosmia SCHMIDT & VON WIRTH, 1996

nepalensis	SCHMIDT & VON WIRTH, 1996	Nepal

Haplopelma SIMON, 1892

albostriatum	(SIMON, 1886)	Myanmar, Thailand, Kambodscha
costale	SCHMIDT, 1998	Thailand
doriae	(THORELL, 1890)	Borneo
lividum	SMITH, 1996	Myanmar
minax	(THORELL, 1897)	Myanmar, Thailand
robustum	STRAND, 1907	Singapur
salangense	(STRAND, 1907)	Malaysia
schmidti	VON WIRTH, 1991	Vietnam

Harpactira AUSSERER, 1871

atra	(LATREILLE, 1832)	Südafrika
baviana	PURCELL, 1903	Südafrika
cafreriana	(WALCKENAER, 1837)	Südafrika
chrysogaster	POCOCK, 1897	Südafrika
curator	POCOCK, 1898	Südafrika
curvipes	POCOCK, 1897	Südafrika
dictator	PURCELL, 1902	Südafrika
gigas	POCOCK, 1898	Südafrika
guttata	STRAND, 1907	Südafrika
hamiltoni	POCOCK, 1902	Südafrika
lineata	POCOCK, 1897	Südafrika
lyrata	(SIMON, 1892)	Südafrika
marksi	PURCELL, 1902	Südafrika
namaquensis	PURCELL, 1902	Namibia, Südafrika
pulchripes	POCOCK, 1901	Südafrika
tigrina	AUSSERER, 1875	Südafrika

Harpactirella PURCELL, 1902

domicola	PURCELL, 1903	Südafrika
flavipilosa	LAWRENCE, 1936	Südafrika
helenae	PURCELL, 1903	Südafrika
insidiosa	(DENIS, 1960)	Marokko
karrooica	PURCELL, 1902	Südafrika
lapidaria	PURCELL, 1908	Südafrika
latithorax	(STRAND, 1908)	Ghana
eleupi	BENOIT, 1965	Simbabwe
lightfooti	PURCELL, 1902	Südafrika
longipes	PURCELL, 1902	Südafrika
magna	PURCELL, 1903	Südafrika
schwarzi	PURCELL, 1904	Südafrika
spinosa	PURCELL, 1908	Südafrika
treleaveni	PURCELL, 1902	Südafrika

Hemiercus SIMON, 1903

cervinus	(SIMON, 1889)	Venezuela
inflatus	(SIMON, 1889)	Venezuela
kastoni	CAPORIACCO, 1955	Venezuela
modestus	(SIMON, 1889)	Kolumbien
proximus	MELLO-LEITÃO, 1923	Brasilien

Hemirrhagus SIMON, 1903

cervinus	(SIMON, 1891)	Mexiko
chilango	PÉREZ-MILES & LOCHT, 2003	Mexiko
coztic	PÉREZ-MILES & LOCHT, 2003	Mexiko
elliotti	(GERTSCH, 1973)	Mexiko
eros	PÉREZ-MILES & LOCHT, 2003	Mexiko
gertschi	PÉREZ-MILES & LOCHT, 2003	Mexiko
grieta	GERTSCH, 1982	Mexiko
mitchelli	(GERTSCH, 1982)	Mexiko
nahuanum	(GERTSCH, 1982)	Mexiko
ocellatus	PÉREZ-MILES & LOCHT, 2003	Mexiko
papalotl	PÉREZ-MILES & LOCHT, 2003	Mexiko
pernix	(AUSSERER, 1875)	Mexiko
puebla	GERTSCH, 1982	Mexiko
reddelli	(GERTSCH, 1973)	Mexiko
stygium	(GERTSCH, 1971)	Mexiko

Heteroscodra POCOCK, 1899

crassipes	HIRST, 1907	Kamerun, Gabun
crassipes latithorax	STRAND, 1920	Kongo
maculata	POCOCK, 1899	West-, Mittelafrika
pachypoda	(STRAND, 1908)	Kamerun

Heterothele KARSCH, 1879

affinis	LAURENT, 1946	Kongo, Tansania
atropha	SIMON, 1907	Kongo
caudicula	(SIMON, 1886)	Patagonien
darcheni	(BENOIT, 1966)	Gabun
decemnotata	(SIMON, 1891)	Kongo
gabonensis	(LUCAS, 1858)	Gabun
honesta	KARSCH, 1879	Kongo
hullwilliamsi	SMITH, 1990	Kamerun
ogbunikia	SMITH, 1990	Nigeria
spinipes	POCOCK, 1897	Tansania
villosella	STRAND, 1907	Ostafrika

Holothele KARSCH, 1879

colonica	(SIMON, 1889)	Venezuela
culebrae	(PETRUNKEVITCH, 1929)	Puerto Rico
denticulata	(FRANGANILLO, 1930)	Kuba
incei	(F. O. P.-CAMBRIdge, 1898)	Trinidad, Venezuela
longipes	(L. KOCH, 1875)	Venezuela
ludwigi	(STRAND, 1907)	Venezuela
recta	KARSCH, 1879	Venezuela
rondoni	(LUCAS & BÜCHERL, 1972)	Brasilien

sanguiniceps	(F. O. P.-Cambridge, 1898)	Trinidad
sericea	(Simon, 1903)	Hispaniola
shoemakeri	(Petrunkevitch, 1926)	Costa Rica, St. Thomas
steini	(Simon, 1889)	Venezuela
vellardi	Rudloff, 1997	Venezuela

Homoeomma **Ausserer, 1871**

brasilianum	(Chamberlin, 1917)	Brasilien
elegans	(Gerschman & Schiapelli, 1958)	Argentinien
familiare	Bertkau, 1880	Brasilien
hirsutum	(Mello-Leitão, 1935)	Brasilien
humile	Vellard, 1924	Brasilien
montanum	(Mello-Leitão, 1923)	Brasilien
nigrum	(Walckenaer, 1837)	Brasilien
peruvianus	(Chamberlin, 1916)	Peru
pictum	(Pocock, 1903)	Peru
simoni	Soares & Camargo, 1948	Brasilien
strabo	(Simon, 1892)	Kolumbien, Brasilien
stradlingi	O. P.-Cambridge, 1881	Brasilien
uruguayense	(Mello-Leitão, 1946)	Uruguay, Argentinien
villosum	(Keyserling, 1891)	Brasilien

Hysterocrates **Simon, 1892**

affinis	Strand, 1907	Kamerun
affinis angusticeps	Strand, 1907	Kamerun
apostolicus	Pocock, 1900	São Tomé
crassipes	Pocock, 1897	Kamerun
didymus	Pocock, 1900	São Tomé
ederi	Charpentier, 1995	Bioko-Inseln
gigas	Pocock, 1897	Kamerun
greeffi	(Karsch, 1884)	Kamerun
greshoffi	(Simon, 1891)	Kongo
haasi	Strand, 1906	Kamerun
hercules	Pocock, 1899	Niger, Nigeria
laticeps	Pocock, 1897	Kamerun
maximus	Strand, 1906	Kamerun
ochraceus	Strand, 1907	Kamerun, Kongo
robustus	Pocock, 1899	Río Muni
robustus sulcifer	Strand, 1908	Kamerun
scepticus	Pocock, 1900	São Tomé
sjostedti	(Thorell, 1899)	Kamerun
spellenbergi	Strand, 1906	Kamerun
vosseleri	Strand, 1906	Westafrika
weileri	Strand, 1906	Kamerun

Idiothele **Hewitt, 1919**

nigrofulvus	Pocock, 1898	Südafrika

Iracema **Pérez-Miles, 2000**

cabocla	Pérez-Miles, 2000	Brasilien
horrida	(Schmidt, 1994)	Brasilien

Iridopelma **Pocock, 1901**

hirsutum	Pocock, 1901	Brasilien
seladonium	(C. L. Koch, 1841)	Brasilien
zorodes	(Mello-Leitão, 1926)	Brasilien

Ischnocolus **Ausserer, 1871**

algericus	Thorell, 1875	Algerien, Tunesien
andalusiacus	(Simon, 1873)	Spanien
decoratus	Tikader, 1977	Indien
fasciculatus	Strand, 1906	Äthiopien
fuscostriatus	Simon, 1885	Algerien, Tunesien
hancocki	Smith, 1990	Marokko
holosericeus	L. Koch, 1871	Spanien
jerusalemensis	Smith, 1990	Israel
jickelii	L. Koch, 1875	Äthiopien
khasiensis	Tikader, 1977	Indien
maroccanus	(Simon, 1873)	Marokko, Algerien
mogadorensis	Simon, 1909	Marokko
numidus	Simon, 1909	Marokko, Algerien
rubropilosus	Keyserling, 1891	Brasilien
syriacus	Ausserer, 1871	Syrien
tomentosus	Thorell, 1899	Kamerun, Kongo
triangulifer	Ausserer, 1871	Italien
tripolitanus	Caporiacco, 1937	Libyen
tunetanus	Pavesi, 1880	Tunesien
valentinus	(Dufour, 1820)	Spanien

Lampropelma **Simon, 1892**

nigerrimum	Simon, 1892	Indonesien
violaceopes	Abraham, 1924	Malaysia, Singapur

Lasiodora **C. L. Koch, 1850**

acanthognatha	Mello-Leitão, 1921	Brasilien
benedeni	Bertkau, 1880	Brasilien
boliviana	(Simon, 1892)	Bolivien
brevibulba	(Valerio, 1980)	Costa Rica
carinata	(Valerio, 1980)	Costa Rica
citharacantha	Mello-Leitão, 1921	Brasilien
cristata	(Mello-Leitão, 1923)	Brasilien
cryptostigma	Mello-Leitão, 1921	Brasilien
curtior	Chamberlin, 1917	Brasilien
differens	Chamberlin, 1917	Brasilien
difficilis	Mello-Leitão, 1921	Brasilien
dolichosterna	Mello-Leitão, 1921	Brasilien
dulcicola	Mello-Leitão, 1921	Brasilien
erythrocythara	Mello-Leitão, 1921	Brasilien
fallax	(Bertkau, 1880)	Brasilien
fracta	Mello-Leitão, 1921	Brasilien
gutzkei	(Reichling, 1997)	Belize
icecu	(Valerio, 1980)	Costa Rica
isabellina	(Ausserer, 1871)	Brasilien
itabunae	Mello-Leitão, 1921	Brasilien
klugi	(C. L. Koch, 1841)	Brasilien
lakoi	Mello-Leitão, 1943	Brasilien
mariannae	Mello-Leitão, 1921	Brasilien
moreni	(Holmberg, 1876)	Argentinien
panamana	(Petrunkevitch, 1925)	Panama
pantherina	(Keyserling, 1891)	Brasilien
parahybana	Mello-Leitão, 1917	Brasilien
parvior	(Chamberlin & Ivie, 1936)	Panama
pleoplectra	Mello-Leitão, 1921	Brasilien
puriscal	(Valerio, 1980)	Costa Rica

rubitarsa	(Valerio, 1980)	Costa Rica
saeva	(Walckenaer, 1837)	Uruguay
spinipes	Ausserer,1871	Brasilien
sternalis	(Mello-Leitão, 1923)	Brasilien
striatipes	(Ausserer, 1871)	Brasilien
subcanens	Mello-Leitão, 1921	Brasilien
tetrica	(Simon, 1889)	Venezuela
trinitatis	(Pocock, 1903)	Trinidad
trinitatis pauciaculeis	(Strand, 1916)	Trinidad

Lasiodorides Schmidt & Bischoff, 1997

longicolli	Schmidt, 2003	Ecuador, Peru
polycuspulatus	Schmidt & Bischoff, 1997	Peru
rolinae	Tesmoingt, 1999	Peru
striatus	(Schmidt & Antonelli, 1996)	Peru

Loxomphalia Simon, 1889

rubida	Simon, 1889	Sansibar

Loxoptygus Simon, 1903

coturnatus	Simon, 1903	Äthiopien
ectypus	(Simon, 1889)	Äthiopien
erlangeri	(Strand, 1906)	Äthiopien

Lyrognathus Pocock, 1895

crotalus	Pocock, 1895	Indien
pugnax	Pocock, 1900	Indien
robustus	Smith, 1988	Malaysia
saltator	Pocock, 1900	Indien

Megaphobema Pocock, 1901

mesomelas	(O. P.-Cambridge, 1892)	Costa Rica
peterklaasi	Schmidt, 1994	Costa Rica
robustum	(Ausserer, 1875)	Kolumbien
velvetosoma	Schmidt, 1995	Ecuador

Melloleitaoina Gerschman & Schiapelli, 1960

crassifemur	Gerschman & Schiapelli, 1960	Argentinien

Metriopelma Becker, 1878

breyeri	(Becker, 1878)	Mexiko
coloratum	Valerio, 1982	Panama
drymusetes	Valerio, 1982	Costa Rica
familiare	(Simon, 1889)	Venezuela
nigriventre	(Mello-Leitão, 1939)	Venezuela
spinulosum	F. O. P.-Cambridge, 1897	Guatemala
variegata	Caporiacco, 1955)	Venezuela
velox	Pocock, 1903	Ecuador
zebratum	Banks, 1909	Costa Rica

Monocentropus Pocock, 1897

balfouri	Pocock, 1897	Sokotra
lambertoni	Fage, 1922	Madagaskar
longimanus	Pocock, 1903	Yemen

Myostola Simon, 1903

occidentalis	(Lucas, 1858)	Gabun, Kamerun

Nesiergus Simon, 1903

halophilus	Benoit, 1978	Seychellen
insulanus	Simon, 1903	Seychellen

Nesipelma Schmidt & Kovarik, 1996

insulare	Schmidt & Kovarik, 1996	Nevis

Nhandu Lucas, 1983

carapoensis	Lucas, 1983	Brasilien, Paraguay
cerradensis	Bertani, 2001	Brasilien
chromatus	Schmidt, 2004	Brasilien
coloratovillosus	(Schmidt, 1998)	Brasilien
vulpinus	(Schmidt, 1998)	Brasilien

Oligoxystre Vellard, 1924

argentinense	(Mello-Leitão, 1941)	Chile, Argentinien, Uruguay
auratum	Vellard, 1924	Brasilien
mimeticum	(Mello-Leitão & Arlé, 1934)	Brasilien

Ornithoctonus Pocock, 1892

andersoni	Pocock, 1892	Myanmar
hainana	(Liang et al., 1999)	China
huwena	(Wang, Peng & Xie, 1993)	China

Orphnaecus Simon, 1892

pellitus	Simon, 1892	Philippinen

Ozopactus Simon, 1889

ernsti	Simon, 1889	Venezuela

Pachistopelma Pocock, 1901

concolor	Caporiacco, 1947	Guyana
rufonigrum	Pocock, 1901	Brasilien

Pamphobeteus Pocock, 1901

antinous	Pocock, 1903	Peru, Bolivien
augusti	(Simon, 1889)	Ecuador
ferox	(Ausserer, 1875)	Kolumbien
fortis	(Ausserer, 1875)	Kolumbien
insignis	Pocock, 1903	Kolumbien
nigricolor	(Ausserer, 1875)	Kolumbien bis Bolivien
ornatus	Pocock, 1903	Kolumbien
petersi	Schmidt, 2002	Ecuador, Peru
ultramarinus	Schmidt, 1995	Ecuador
vespertinus	(Simon, 1889)	Ecuador

Paraphysa Simon, 1892

parvula	(Pocock, 1903)	Chile
scrofa	(Molina, 1788)	Chile, Argentinien

Phlogiellus Pocock, 1897

aper	Simon, 1891)	Java
atriceps	Pocock, 1897	Java
baeri	(Simon, 1877)	Philippinen
bicolor	Strand, 1911	Neuengland
brevipes	(Thorell, 1897)	Myanmar

bundokalbo	(Barrion & Litsinger, 1995)	Philippinen
inermis	(Ausserer, 1871)	Malaysia bis Lombok
insularis	(Simon, 1877)	Philippinen
mutus	(Giltay, 1935)	Philippinen
nebulosus	(Rainbow, 1899)	Solomonen
ornatus	(Thorell, 1897)	Myanmar
subarmatus	(Thorell, 1891)	Nikobaren
subinermis	(Giltay, 1934)	Südostasien

Phoneyusa Karsch, 1884

antilope	(Simon, 1889)	Kongo
belandana	Karsch, 1884	Zentralafrikanische Republik
bettoni	Pocock, 1898	Kenia
bidentata	Pocock, 1899	West-, Zentralafrika
bidentata ituriensis	Laurent, 1946	Kongo
bouvieri	Berland, 1917	Madagaskar
buettneri	Karsch, 1886	Gabun
celerierae	Smith, 1990	Elfenbeinküste
chevalieri	Simon, 1906	Westafrika
cultridens	Berland, 1917	Kongo
efuliensis	Smith, 1990	Kamerun
elephantiasis	Berland, 1917	Kongo
gabonica	(Simon, 1889)	Gabun
giltayi	Laurent, 1946	Kongo
gracilipes	(Simon, 1889)	Kongo
gregori	Pocock, 1897	Kenia
lesserti	Dresco, 1973	Zentralafrikanische Republik
manicata	Simon, 1907	Principe
minima	(Strand, 1907)	Kamerun
mutica	Karsch, 1885)	Tansania, Südafrika
nigroventris	(Marx, 1893)	Kongo
principium	Simon, 1907	Principe
rufa	Berland, 1914	Ostafrika
rutilata	(Simon, 1907)	Guinea-Bissau
westi	Smith, 1990	Angola

Phormictopus Pocock, 1901

atrichomatus	Schmidt, 1991	Honduras
australis	Mello-Leitão, 1941	Argentinien
brasiliensis	Strand, 1907	Brasilien
cancerides	(Latreille, 1806)	Westindische Inseln bis Brasilien
cancerides centumfocensis	(Franganillo, 1926)	Kuba
cancerides tenuispinus	Strand, 1906	Neue Welt
cautus	(Ausserer, 1875)	Südamerika
cubensis	Chamberlin, 1917	Kuba
dubius	(Chamberlin, 1917)	unbekannt
hirsutus	Strand, 1907	Venezuela
melodermus	Chamberlin, 1917	wahrscheinlich Westindische Inseln
nesiotes	Chamberlin, 1917	Kuba
piephoi	Schmidt, 2003	unbekannt
platus	Chamberlin, 1917	USA
ribeiroi	Mello-Leitão, 1923	Brasilien

Phormingochilus Pocock, 1895

everetti	Pocock, 1895	Borneo
fuchsi	Strand, 1906	Sumatra
tigrinus	Pocock, 1895	Borneo

Plesiopelma Pocock, 1901

flavohirtum	(Simon, 1889)	Brasilien
gertschi	(Caporiacco, 1955)	Venezuela
imperatrix	Piza, 1976	Brasilien
insulare	(Mello-Leitão, 1923)	Brasilien
longisternale	(Schiapelli & Gerschman, 1942)	Argentinien, Uruguay
myodes	Pocock, 1901	Uruguay
rectimanum	(Mello-Leitão, 1923)	Brasilien
semiaurantiacum	(Simon, 1897)	Paraguay, Uruguay

Plesiophrictus Pocock, 1899

bhori	Gravely, 1915	Indien
blatteri	Gravely, 1935	Indien
collinus	Pocock, 1899	Indien
fabrei	(Simon, 1892)	Indien
guangxiensis	Yin & Tan, 2000	China
linteatus	(Simon, 1891)	Indien
madraspatanus	Gravely, 1935	Indien
mahabaleshwari	Tikader, 1977	Indien
meghalayaensis	Tikader, 1977	Indien
millardi	Pocock, 1899	Indien
milleti	(Pocock, 1900)	Indien
raja	Gravely, 1915	Indien
satarensis	Gravely, 1915	Indien
senffti	Strand, 1907)	Mikronesien
sericeus	Pocock, 1900	Indien
tenuipes	Pocock, 1899	Sri Lanka

Poecilotheria Simon, 1885

fasciata	(Latreille, 1804)	Indien, Sri Lanka
formosa	Pocock, 1899	Indien
hanumavilasumica	Smith, 2004	Indien
metallica	Pocock, 1899	Indien
miranda	Pocock, 1900	Indien
ornata	Pocock, 1899	Sri Lanka
pederseni	Kirk, 2001	Sri Lanka
pococki	Charpentier, 1996	Sri Lanka
regalis	Pocock, 1899	Indien
rufilata	Pocock, 1899	Indien
smithi	Kirk, 1996	Sri Lanka
striata	Pocock, 1895	Indien
subfusca	Pocock, 1895	Sri Lanka
uniformis	Strand, 1913	Sri Lanka

Polyspinosa Schmidt, 1999

schulzei	(Schmidt, 1994)	unbekannt

Proshapalopus Mello-Leitão, 1923

amazonicus	(Mello-Leitão, 1923)	Brasilien
anomalus	Mello-Leitão, 1923	Brasilien
multicuspidatus	(Mello-Leitão, 1929)	Brasilien

Pterinochilus murinus Foto: C. Stehr

Psalmopoeus Pocock, 1895

affinis	Strand, 1907	Westindische Inseln
cambridgei	Pocock, 1895	Trinidad
ecclesiasticus	Pocock, 1903	Ecuador
emeraldus	Pocock, 1903	Kolumbien
intermedius	Chamberlin, 1940	Panama
irminia	Saager, 1994	Venezuela
maya	Witt, 1996	Belize
plantaris	Pocock, 1903	Kolumbien
pulcher	Petrunkevitch, 1925	Panama
reduncus	(Karsch, 1880)	Costa Rica
rufus	Petrunkevitch, 1925	Panama

Pseudhapalopus Strand, 1907

aculeatus	Strand, 1907	Bolivien
spinulopalpus	Schmidt & Weinmann, 1997	Kolumbien

Pterinochilus Pocock, 1897

alluaudi	Berland, 1914	Kenia
chordatus	(Gerstäcker, 1873)	Ostafrika
leetzi	Schmidt, 2002	Sambia
lugardi	Pocock, 1900	Süd-, Ostafrika
murinus	Pocock, 1897	Angola, Zentral-, Ost-, Südafrika
simoni	Berland, 1917	Angola, Kongo
vorax	Pocock, 1897	Angola, Zentral-, Ostafrika

Reversopelma Schmidt, 2001

petersi	Schmidt, 2001	Ecuador oder Peru

Schismatothele Karsch, 1879

lineata	Karsch, 1879	Venezuela

Schizopelma F. O. P.-Cambridge, 1897

bicarinatum	F. O. P.-Cambridge, 1897	Mexiko, Zentralamerika
masculinum	(Strand, 1907)	Guatemala
sorkini	Smith, 1995	Mexiko

Selenobrachys Schmidt, 1999

philippinus	Schmidt, 1999	Philippinen

Selenocosmia Ausserer, 1871

arndsti	(Schmidt & von Wirth, 1991)	Neuguinea
aruana	Strand, 1911	Aru-Inseln
compta	Kulczyn'ski, 1911	Neuguinea
crassipes	(L. Koch, 1874)	Queensland
deliana	Strand, 1913	Sumatra
dichromata	(Schmidt & von Wirth, 1992)	Neuguinea
effera	(Simon, 1891)	Molukken
fuliginea	(Thorell, 1895)	Myanmar
hasselti	Simon, 1891	Sumatra
himalayana	Pocock, 1899	„Himalayas“
hirtipes	Strand, 1913	Molukken, Neuguinea
honesta	Hirst, 1909	Neuguinea
imbellis	(Simon, 1891)	Borneo
insignis	(Simon, 1890)	Sumatra
insulana	Hirst, 1909	Sulawesi
javanensis	(Walckenaer, 1837)	Malaysia bis Sulawesi
javanensis brachyplectra	Kulczyn'ski, 1908	Java
javanensis dolichoplectra	Kulczyn'ski, 1908	Java
javanensis fulva	Kulczyn'ski, 1908	Java
javanensis sumatrana	Strand, 1907	Sumatra
kovariki	(Schmidt & Krause, 1995)	Vietnam
kulluensis	Chamberlin, 1917	Indien
lanceolata	Hogg, 1914	Neuguinea
lanipes	Ausserer, 1875	Molukken, Neuguinea
lyra	Strand, 1913	Sumatra
obscura	Hirst, 1909	Borneo
orophila	(Thorell, 1897)	Myanmar
papuana	Kulczyn'ski, 1908	Neuguinea
peerboomi	(Schmidt, 1999)	Philippinen
pritami	Dyal, 1935	Indien
raciborskii	Kulczyn'ski, 1908	Java
samarae	(Giltay, 1935)	Philippinen
similis	Kulczyn'ski, 1911	Neuguinea
stirlingi	Hogg, 1901	Australien
strenua	(Thorell, 1881)	Neuguinea, Queensland
strubelli	Strand, 1913	Java, Molukkas oder Neuguinea
subvulpina	Strand, 1907	Queensland
sutherlandi	Gravely, 1935	Indien
tahanensis	Abraham, 1924	Malaysia
valida	(Thorell, 1881)	Neuguinea

Selenogyrus Pocock, 1897

africanus	(Simon, 1887)	Elfenbeinküste
aureus	Pocock, 1897	Sierra Leone
austini	Smith, 1990	Sierra Leone
brunneus	Strand, 1907	Westafrika
caeruleus	Pocock, 1897	Sierra Leone

Selenotholus Hogg, 1902

foelschei	Hogg, 1902	Northern Territory

Selenotypus Pocock, 1895

plumipes	Pocock, 1895	Queensland

Sericopelma Ausserer, 1875

commune	F. O. P.-Cambridge, 1897	Panama
dota	Valerio, 1980	Costa Rica
fallax	Mello-Leitão, 1923	Brasilien
ferrugineum	Valerio, 1980	Costa Rica
generala	Valerio, 1980	Costa Rica
immensum	Valerio, 1980	Costa Rica
melanotarsum	Valerio, 1980	Costa Rica
rubronitens	Ausserer, 1875	Zentralamerika
silvicola	Valerio, 1980	Costa Rica
striatum	(Ausserer, 1871)	Venezuela
upala	Valerio, 1980	Costa Rica

Sickius Soares & Camargo, 1948		
longibulbi	Soares & Camargo, 1948	Brasilien
Sphaerobothria Karsch, 1879		
hoffmanni	Karsch, 1879	Costa Rica
Stichoplastoris Rudloff, 1997		
angustatus	(Kraus, 1955)	El Salvador
asterix	(Valerio, 1980)	Costa Rica
denticulatus	(Valerio, 1980)	Costa Rica
elusinus	(Valerio, 1980)	Costa Rica
longistylus	(Kraus, 1955)	El Salvador
obelix	(Valerio, 1980)	Costa Rica
schusterae	(Kraus, 1955)	El Salvador
stylipus	(Valerio, 1982)	Costa Rica, Panama
Stromatopelma Karsch, 1881		
batesi	(Pocock, 1902)	Kamerun, Kongo
calceatum	(Fabricius, 1793)	Westafrika
calceatum griseipes	(Pocock, 1897)	Westafrika
fumigatum	(Pocock, 1899)	„Río Muni"
satanas	(Berland, 1917)	Gabun, Kongo
Tapinauchenius Ausserer, 1871		
brunneus	Schmidt, 1995	Brasilien
cupreus	Schmidt & Bauer, 1996	Ecuador
elenae	Schmidt, 1994	Ecuador
gigas	Caporiacco, 1954	Franz. Guayana
latipes	L. Koch, 1875	Venezuela
plumipes	(C. L. Koch, 1842)	Surinam
purpureus	Schmidt, 1995	Franz. Guyana
sanctivincenti	(Walckenaer, 1837)	St. Vincent
subcaeruleus	Bauer & Antonelli,1997	Ecuador

Theraphosa Thorell, 1870		
apophysis	(Tinter, 1991)	Venezuela
blondii	(Latreille, 1804)	Venezuela, Brasilien, Guyana
Thrixopelma Schmidt, 1994		
ockerti	Schmidt, 1994	Peru
pruriens	Schmidt, 1998	Chile
Thrigmopoeus Pocock, 1899		
insignis	Pocock, 1899	Indien
truculentus	Pocock, 1899	Indien
Tmesiphantes Simon, 1892		
chickeringi	Caporiacco, 1955	Venezuela
minensis	Mello-Leitão, 1943	Brasilien
nubilus	Simon, 1892	Brasilien
physopus	Mello-Leitão, 1926	Brasilien
Trichognatha Gallon, 2002		
schoenlandi	Pocock, 1900	Südfrika
Vitalius Lucas, Silva & Bertani, 1993		
buecherli	Bertani, 2001	Brasilien
dubius	(Mello-Leitão, 1923)	Brasilien
longisternalis	Bertani, 2001	Brasilien
lucasae	Bertani, 2001	Brasilien
paranaensis	Bertani, 2001	Brasilien, Argentinien
roseus	(Mello-Leitão, 1923)	Brasilien
sorocabae	(Mello-Leitão, 1923)	Brasilien
vellutinus	(Mello-Leitão, 1923)	Brasilien
wacketi	(Mello-Leitão, 1923)	Brasilien
Xenesthis Simon, 1891		
immanis	(Ausserer, 1875)	Panama bis Venezuela
intermedia	Schiapelli & Gerschman, 1945	Venezuela
monstrosa	Pocock, 1903	Kolumbien
Xenodendrophila Gallon, 2003		
gabrieli	Gallon, 2003	Tansania

Theraposa blondii
Foto: M. Schmidt

7. Adressen

A: Zeitschriften

REPTILIA. Terraristik-Fachmagazin, beschäftigt sich auch mit Vogelspinnen und anderen wirbellosen Terrarientieren. Erscheint zweimonatlich. Natur und Tier - Verlag, An der Kleimannbrücke 39/41, 48157 Münster. E-Mail: verlag@ms-verlag.de, Tel.: 0251-13339-0, Home: www.ms-verlag.de

ARTHROPODA. Zeitschrift der Zentralen Arbeitsgemeinschaft „Wirbellose". E-Mail: Arthropoda@t-online.de

DeArGe-Mitteilungen. Mitteilungen der Deutschen Arachnologischen Gesellschaft. Home: http://www.dearge.de/

TARANTULAS OF THE WORLD (TOW). TOW-Verlag, Am Tömp 14, 41844 Wegberg

B: Vereine

Deutsche Arachnologische Gesellschaft (DeAr Ge), Andreas Halbig, Pommernstraße 14, 59229 Ahlen. Home: http://www.dearge.de/

Zentrale Arbeitsgemeinschaft „Wirbellose im Terrarium" (ZAG), E-Mail: Arthropoda@t-online.de

C: Internet

Bundesamt für Naturschutz: www.bfn.de

CITES: www.cites.org

Deutsche Arachnologische Gesellschaft e. V.: www.dearge.de

Natur und Tier - Verlag: www.ms-verlag.de

"The World Spider Catalog, Version 4.0" von Norman I. Platnick: http://research.amnh.org/entomology/spiders/catalog/THERAPHOSIDAE.html

Zentrale Arbeitsgemeinschaft „Wirbellose im Terrarium": www.zag-wirbellose.de

Dank

Lektor Kriton Kunz bedankt sich herzlich bei Stefan Heist, Karlsruhe, Reinhard Uhl, Worms und vor allem bei Hartmut Koschorke und Markus App von Terra Reptica in Karlsruhe für die Fotogenehmigungen und die freundliche Betreuung.

Avicularia purpurea Foto: M. Schmidt

8. Literaturverzeichnis

Das nachfolgende Verzeichnis stellt natürlich nur eine kleine Auswahl der verfügbaren Literatur dar. Wer sich weiterführend informieren möchte, findet in den gelisteten Büchern z.T. sehr umfangreiche Literaturangaben zu Vogelspinnen.

BAXTER, R. (1993): Keeping and Breeding Tarantulas. – Chudleigh Publishing, Ilford, Essex

BERTANI, R. & P.I. DA SILVA JUNIOR (2002): The first mygalomorph spider without spermathecae: *Sickius longibulbi*, with a revalidation of Sickius (Araneae, Theraphosidae, Ischnocolinae). – The Journal of Arachnology 30: 519–526.

BÜCHERL, W. (1962): Südamerikanische Vogelspinnen. – Die neue Brehm-Bücherei. Madgeburg, (Reprint 1996)

- (1971) Spiders. In: Venemous animals and their venoms 3. – Academic Press, New York/London: 197–277.

BRUINS, E. (2000): Terrarien Enzyklopädie. – Karl Müller Verlag, Erlangen

CHARPENTIER, P. (1994): The Tarantula Burrow. In: Exothermae Magazine 3. – Exothermae Publ., Middelkerke

- (1996): Exothermae Magazine 1. – Exothermae Publ., Middelkerke

- (1997): Exothermae Magazine 0. – Special Issue. – Exothermae Publ., Middelkerke

FOELIX, R. F. (1992): Biologie der Spinnen, 2. Auflage. – Thieme, Stuttgart

GALLON, R.C. (2003): A new african arboreal genus and species of theraphosid spiders (Araneae: Theraphosidae: Stromatopelminae) which lack spermathecae. – Bull. Brit. Arach. Soc. 12 (9): 405–411.

HUBER S., R. SAMM & G. SCHMIDT (1996): Theraphosidae der Welt. Sonderausgabe 2. – Arachnologisches Magazin, Samm-Verlag, Nürnberg 1996

KARL, S. (1998): Vergesellschaftung von Vogelspinnen. – Mitteilungen der Deutschen Arachnologischen Gesellschaft 11(3): 3–4.

KLAAS, P. (1997a): Vogelspinnen. – REPTILIA 4(2): 17–22.

- (2003): Vogelspinnen im Terrarium. 2. überarb. Aufl. – Ulmer, Stuttgart

MEINHARDT, M. (1996): Paarung von *Theraphosa blondi*. – TOW 1(1): 6–9.

- (1997) *Poecilotheria ornata* – Paarung und Zucht. – TOW 13(2): 14–18.

- (1999a) Vergesellschaftung von *Poecilotheria ornata* – POCOCK, 1899. – Mitteilungen der Deutschen Arachnologischen Gesellschaft 6(4): 6–7.

- (1999b) *Poecilotheria ornata* – POCOCK, 1899. – Mitteilungen der Deutschen Arachnologischen Gesellschaft 7(4): 3–6.

MÜLLER, M.J. (1987): Handbuch ausgewählter Klimastadionen der Erde. – Forschungsstelle Bodenerosion, Univ. Trier

PAUL, J., T. FINCKE & B. LINZEN (1987): Respiration in the tarantula *Eurypelma californicum*: evidence for diffusion lungs. – J. comp. Physiol., B 157: 209.

PETERS, H. J. (seit 9/1996): Loseblatt-Sammlung. – TOW-Verlag. Wegberg

- (1998): Afrikas Vogelspinnen. – TOW-Verlag, Wegberg

- (2000): Kleiner Atlas der Vogelspinnenkunde Bd. 1 + 2. – TOW-Verlag, Wegberg

- (2001): Photo Identification Guide. – TOW-Verlag, Wegberg

RANKIN, W. & J. G. WALLS (1995): Vogelspinnen und Skorpione im Terrarium. – bede-Verlag, Ruhmannsfelden

SAMM, R. (1999): Arachnida: Araneae: Theraphosidae – Systematik Teil 1. – Samm-Verlag, Nürnberg/Istanbul

SCHMIDT, G. (1980): Spinnen. – Lehrmeister-Bücherei, Minden

- (1993): Giftige und gefährliche Spinnentiere. – Die Neue Brehm-Bücherei, Magdeburg/Essen

- (1994): Vogelspinnen. 4. Auflage. – Landbuch, Hannover

- (1997): Bestimmungsschlüssel für die Gattungen der Unterfamilie Theraphosinae. Deutsch Evern, Selbstverlag.

SCHWARZBERG, P. (1996): Vogelspinnen. – bede-Verlag, Ruhmannsfelden

SCHULTZ, S.A. & M.J. SCHULTZ (1998): The Tarantulas Keeper's Guide. – Barron's, New York
STERN, H. & E. KULLMANN (1981): Leben am seidenen Faden. 4. Auflage. – Kindler-Verlag, München
STRIFFLER, B.F. & A. GRAMINSKE (2003): *Brachypelma* – die bunten Vogelspinnen Mexikos. – DRACO 16(4): 52–61.
STRIFFLER, B.F. & D. WEINMANN (2003): Vogelspinnen in Venezuela – von der Karibik bis zu den Tepuis. – DRACO 16(4): 70–76.
TINTER, A. (1996): Erfolg mit Vogelspinnen. – bede-Verlag, Ruhmannsfelden
VERDEZ, J. M., F. CLETON & P. GERARD (1997): L'elevage des Mygales. – Phillipe Gerard, Paris
WEBB, A. (1992): Vogelspinnen. – Natur und Tier - Verlag, Münster
WIRTH, V. VON (1997): Vogelspinnen. 2. Auflage. – Gräfe und Unzer, München
WIRTH, V. VON & M. HUBER (2002): Einige Praxis-Tipps zur Haltung von *Haplopelma*-Arten und anderen Röhren bewohnenden Vogelspinnen. – DeArGe Mitteilungen 7(11): 14–23.
- (2003): Earth Tigers – die asiatischen Vogelspinnen der Unterfamilie Ornithoctoninae. – DRACO 16(4): 26–36.

Außerdem erschien 2003 im Natur und Tier - Verlag ein sehr empfehlenswertes Themenheft rund um Vogelspinnen, das beispielsweise Artikel speziell über Haltung und Zucht asiatischer Vogelspinnen, von *Brachypelma*-Arten oder baumbewohnenden Spezies aus Südamerika enthält: DRACO 16(4). Zu beziehen über verlag@ms-verlag.de oder über Tel. 0251-13339-0

Psalmopoeus irminia
Foto: M. Schmidt